Nachrichtentechnik
Herausgegeben von H. Marko
Band 18

Jürgen Detlefsen

# Radartechnik

## Grundlagen, Bauelemente, Verfahren, Anwendungen

Mit 121 Abbildungen

Springer-Verlag
Berlin Heidelberg New York
London Paris Tokyo Hong Kong 1989

Dr.-Ing., Dr.-Ing. habil. JÜRGEN DETLEFSEN
Universitätsprofessor, Lehrstuhl für Hochfrequenztechnik,
Technische Universität München

Dr.-Ing., Dr.-Ing. E. h. HANS MARKO
Universitätsprofessor, Lehrstuhl für Nachrichtentechnik
Technische Universität München

**ISBN-13: 978-3-540-50260-9** **e-ISBN-13: 978-3-642-83600-8**
**DOI: 10.1007/978-3-642-83600-8**

CIP-Titelaufnahme der Deutschen Bibliothek
Detlefsen, Jürgen:
Radartechnik: Grundlagen, Bauelemente, Verfahren, Anwendungen / Jürgen Detlefsen.
Berlin ; Heidelberg; NewYork ; London ; Paris ; Tokyo ; Hong Kong : Springer, 1989.
(Nachrichtentechnik ; Bd. 18)

NE: GT


Softcover reprint of the hardcover 1st edition 1989



Druck: Color-Druck Dorfi GmbH,Berlin; Bindearbeiten: Lüderitz & Bauer, Berlin
2362/3020-543210 - Gedruckt auf säurefreiem Papier

# Zur Buchreihe „Nachrichtentechnik"

Die Nachrichten- oder Informationstechnik befindet sich seit vielen Jahrzehnten in einer stetigen, oft sogar stürmisch verlaufenden Entwicklung, deren Ende derzeit noch nicht abzusehen ist. Durch die Fortschritte der Technologie wurden ebenso wie durch die Verbesserung der theoretischen Methoden nicht nur die vohandenen Anwendungsgebiete ausgeweitet und den sich stets ändernden Erfordernissen angepaßt, sondern auch neue Anwendungsgebiete erschlossen.

Zu den klassischen Aufgaben der Nachrichtenübertragung und der Nachrichtenvermittlung sind die Nachrichtenverarbeitung und die Datenverarbeitung hinzugekommen, die viele Gebiete des beruflichen und des privaten Lebens in zunehmendem Maße verändern. Die Bedürfnisse und Möglichkeiten der Raumfahrt haben gleichermaßen neue Perspektiven eröffnet wie die verschiedenen Alternativen zur Realisierung breitbandiger Kommunikationsnetze. Neben die analoge ist die digitale Übertragungstechnik, neben die klassische Text-, Sprach- und Bildübertragung ist die Datenübertragung getreten. Die Nachrichtenvermittlung im Raumvielfach wurde durch die elektronische zeitmultiplexe Vermittlungstechnik ergänzt. Satelliten- und Glasfasertechnik haben zu neuen Übertragungsmedien geführt. Die Realisierung nachrichtentechnischer Schaltungen und Systeme ist durch den Einsatz von Elektronenrechnern sowie durch die digitale Schaltungstechnik erheblich verbessert und erweitert worden. Die rasche Entwicklung der Halbleitertechnologie zu immer höheren Integrationsgraden erschließt neue Anwendungsgebiete besonders auf dem Gebiet der digitalen Technik.

Die Buchreihe „Nachrichtentechnik" trägt dieser Entwicklung Rechnung und bietet eine zeitgemäße Darstellung der wichtigsten Themen der Nachrichtentechnik an. Die einzelnen Bände werden von Fachleuten geschrieben, die auf den jeweiligen Gebieten kompetent sind. Jedes Buch soll in ein bestimmtes Teilgebiet einführen, die wesentlichen heute bekannten Ergebnisse darstellen und eine Brücke zur weiterführenden Spezialliteratur bilden. Dadurch soll es sowohl dem Studierenden bei der Einarbeitung in die jeweilige Thematik als auch dem im Beruf stehenden Ingenieur oder Physiker als Grundlagen- oder Nachschlagewerk dienen. Die einzelnen Bände sind in sich abgeschlossen, ergänzen einander jedoch innerhalb der Reihe. Damit ist eine gewisse Überschneidung unvermeidlich, ja sogar erforderlich.

Die derzeitige Planung der Reihe umfaßt die mathematischen Grundlagen, die Baugruppen und Systeme sowie die Technik der Signalverarbeitung und der Signalübertragung; eine Ergänzung bildet die Meßtechnik (siehe Schema nächste Seite).

Herausgeber und Verlag danken für alle Anregungen zur weiteren Ausgestaltung dieser Reihe. Die freundliche Aufnahme in der Fachwelt hat die Richtigkeit der Idee, das sich schnell entwickelnde Gebiet der Nachrichtentechnik oder Informationstechnik in einer Buchreihe darzustellen, bestätigt.

München, im Frühjahr 1989 H. Marko

**Bisher erschienene Bände der Buchreihe »Nachrichtentechnik«**

| | | |
|---|---|---|
| Mathematische Grundlagen | Band 1: | Methoden der Systemtheorie (H. Marko) |
| | Band 4: | Numerische Berechnung linearer Netzwerke und Systeme (H. Kremer) |
| | Band 7: | Grundlagen digitaler Filter (R. Lücker) |
| | Band 10: | Grundlagen der Theorie statistischer Signale (E. Hänsler) |
| | Band 15: | Übungsbeispiele zur Systemtheorie (J. Hofer-Alfeis) |
| | Band 20: | Mehrdimensionale lineare Systeme (R. Bamler) |
| Baugruppen und Systeme | Band 3: | Bau hybrider Mikroschaltungen (E. Lüder, vergriffen) |
| | Band 8: | Nichtlineare Schaltungen (R. Elsner) |
| Signal-verarbeitung | Band 5: | Prozeßrechentechnik (G. Färber) |
| | Band 12: | Sprachverarbeitung und Sprachübertragung (K. Fellbaum) |
| | Band 13: | Digitale Bildsignalverarbeitung (F. Wahl) |
| | Band 19: | Wissensbasierte Bildverarbeitung (C.-E. Liedtke, M. Ender) |
| Signal-übertragung | Band 2: | Fernwirktechnik der Raumfahrt (P. Hartl) |
| | Band 6: | Nachrichtenübertragung über Satelliten (E. Herter, H. Rupp) |
| | Band 11: | Bildkommunikation (H. Schönfelder) |
| | Band 14: | Digitale Übertragungssysteme (G. Söder, K. Tröndle) |
| | Band 16: | Lichtwellenleiter für die optische Nachrichtenübertragung (S. Geckeler) |
| | Band 17: | Optische Übertragungssysteme mit Überlagerungsempfang (J. Franz) |
| | Band 18: | Radartechnik (J. Detlefsen) |
| Ergänzung | Band 9: | Nachrichten-Meßtechnik (E. Schuon, H. Wolf) |

# Vorwort

Seit der Anmeldung des Patents "Verfahren, um entfernte metallische Gegenstände mittels elektrischer Wellen einem Beobachter zu melden" durch den Deutschen Christian Hülsmeyer im Jahre 1904 sind über 80 Jahre vergangen, in der die Radartechnik zunächst eine zögernde, ab 1930 aber eine rapide Entwicklung nahm, stets unter Einbeziehung aber auch bedingt durch neueste theoretische Erkenntnisse und verfügbare Technologien. Diese Entwicklung ist auch heute noch nicht abgeschlossen. Man kann aber sagen, daß der erreichte Stand der Technik soweit fortgeschritten ist, daß sich die Grundlagen nur noch wenig ändern. Eine Darstellung dieser Grundlagen ist auch insofern eine reizvolle Aufgabe, weil ein Querschnitt über sehr viele Bereiche der Elektrotechnik und Informationstechnik hinweg behandelt werden muß, der dem Leser eine übergreifende Gesamtschau vermitteln kann.

In diesem hier vorliegenden Band der Reihe "Nachrichtentechnik" werden diese Grundlagen der Radartechnik beschrieben, und damit die wesentlichen Verfahren der heutigen Radartechnik dargestellt. Es wird versucht, dies mit einem möglichst geringen Aufwand an mathematischen Hilfsmitteln zu tun, die nur dort herangezogen werden, wo sie für eine klarere Beschreibung erforderlich sind. Über diese Aufgabenstellung hinaus werden auch Grundlagen behandelt, die der Verfasser für die Entwicklung der Radartechnik in der Zukunft als wesentlich betrachtet. Das gilt vor allem für die Anwendung von Radarverfahren im Bereich der Fernerkundung, wo bereits heute abbildende Verfahren eine große Rolle spielen, die sich zu einem wichtigen Anwendungsgebiet entwickeln werden. In diesem Zusammenhang werden in Kapitel 9 das Seitensichtradar mit synthetischer Apertur (SAR) behandelt, mit dem große Bereiche der Erdoberfläche landkartenähnlich dargestellt werden können. Kapitel 10 liefert dann die wichtigen theoretischen Grundlagen der Mikrowellenabbildung, mit denen die bekannten abbildenden Verfahren eingeordnet werden können, aber auch die Leistungsfähigkeit neuer Verfahren abgeschätzt werden kann.

Der Inhalt des Buches entspricht in wesentlichen Teilen einer an der TU München gehaltenen Vorlesung über Funkortung und Funknavigation. Es ist als vorlesungsbegleitendes Buch konzipiert, aber auch als Einführung für denjenigen, der mit der Radartechnik erstmals in Berührung kommt und sich in dieses umfangreiche Fachgebiet einarbeiten muß.

Mein Dank gilt den Studenten, die durch kritisches Hinterfragen und zahlreiche Diskussionen dazu beigetragen haben, daß eine didaktisch abgerundete Darstellung erreicht worden ist. Mein Dank gilt auch Herrn Prof. Dr.-Ing. H. Groll und den Mitarbeitern des Lehrstuhls für Mikrowellentechnik, die durch zahlreiche Hinweise, Diskussionen, und durch Verständnis für die in Zusammenhang mit der Erstellung dieses Buchs aufgetretenen Belastungen zur Vollendung dieses Buchs beigetragen haben. Weiterhin sei bemerkt, daß dieses Buch nicht ohne die Unterstützung und Geduld von Seiten meiner Frau und der ganzen Familie zustandegekommen wäre.

Berg bei München, im Februar 1989 J. Detlefsen

# Inhaltsverzeichnis

# 1 Einführung

Der Begriff RADAR (*RAdio Detection And Ranging*) beinhaltet Methoden zur Entdeckung von Objekten und zur Bestimmung ihrer Parameter (Lage, Bewegungszustand, Beschaffenheit) mit Hilfe elektromagnetischer Wellen. Durch die Radarverfahren wird die Fähigkeit des Menschen zur Beobachtung seiner Umgebung wesentlich erweitert. Zwar übertreffen die Radarverfahren weder die Fähigkeiten des menschlichen Auges hinsichtlich des Auflösungsvermögens noch sind sie imstande, eine Farberkennung durchzuführen. Dafür arbeiten die Radarverfahren bei Dunkelheit, Dunst, Nebel, Regen und Schnee und sind darüber hinaus in der Lage, bei wesentlich größerer Reichweite auch genaue Entfernungsangaben zu liefern.

## 1.1 Aufgaben

Die Aufgaben von Radarverfahren sind in der Kurzbezeichnung Radar zum Teil bereits gekennzeichnet. Sie beinhalten die Entdeckung von Objekten, wobei als Objekte alle Körper, aber auch Medien in Frage kommen, die sich in ihren elektromagnetischen Eigenschaften, d.h. in Dielektrizitätskonstante, Permeabilität und Leitfähigkeit, von den Eigenschaften des Ausbreitungsmediums, in der Regel der Atmosphäre, unterscheiden. Die Entdeckung ist Voraussetzung für die Bestimmung der Objektparameter, die üblicherweise Hand in Hand mit der Ermittlung der Position durch Bestimmung der Entfernung und der Ablagerichtung geht. Darüber hinaus kann mit Hilfe des Dopplereffektes die Objektgeschwindigkeit ermittelt werden. Weiterhin kann in vielen Fällen aus der Signalamplitude auf die Größe des Objektes geschlossen werden. Als weitere Aufgabe ist hier noch die der Zielverfolgung zu nennen, bei der die Position eines einzelnen Objektes mit hoher Präzision fortlaufend überwacht wird.

In neuerer Zeit gibt es Bestrebungen, durch Erhöhung des Auflösungsvermögens zu einer Erkennung der Gestalt des Körpers und weiter bis zu einem mit optischen Bildern vergleichbaren Abbildungsergebnis zu kommen. Die Grundlagen dieser Mikrowellenabbildung werden in Kap. 10 behandelt.

## 1.2 Prinzip

In seinem grundsätzlichen Aufbau nach Bild 1.1 besteht ein Radarsystem aus einer Antenne, die die von einem Sender erzeugte elektromagnetische Energie gebündelt in den Raum abstrahlt. Wenn das abgestrahlte Feld auf ein Objekt trifft, wird ein geringer Teil der Energie zum Radar reflektiert und bildet das Streufeld, das von der Empfangsantenne erfaßt wird. Nach entsprechender Verstärkung können aus dem Empfangssignal die Objektparameter ermittelt werden. Die benötigten Informationen können dabei grundsätzlich aus der Intensität des Streufeldes (Größe), aus der räumlichen Lage der Phasenfronten (Winkel), aus der Abhängigkeit des Streufeldes von der Sendefrequenz bzw. der Ankunftszeit eines pulsförmigen Signals (Entfernung), aus der durch das Objekt bedingten zeitlichen Änderung der Phase des Streufeldes (Geschwindigkeit) und aus der Polarisation des Empfangsfeldes in Abhängigkeit von der Sendepolarisation (Art des Reflexionszentrums oder Oberflächenstruktur) abgeleitet werden.

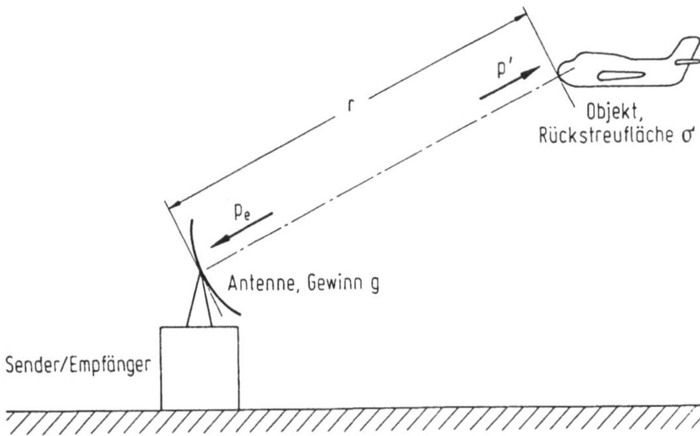


**Bild 1.1. Prinzipielle Radaranordnung**

Beim klassischen Pulsradar beschränkt man sich darauf, die Entfernung des Objektes aus der Impulslaufzeit und die Richtung der ankommenden Wellenfront mit Hilfe einer stark bündelnden Antenne ermitteln. Das Blockschaltbild der Radaranordnung ist in Bild 1.2 dargestellt. Der Taktgeber steuert den zeitlichen Ablauf der Radarsignalerzeugung und Verarbeitung. Er triggert den Modulator, der seinerseits wieder die notwendige Energie, die der Sender während des Sendesimpulses benötigt, zur Verfügung stellt. Der Sendeimpuls wird über eine rotierende Richtantenne abgestrahlt, die von einer Drehkupplung gespeist wird. Die Antenne wird zum Senden und zum Empfangen verwendet. Ein Sendeempfangsschalter (Duplexer) trennt während des Sendeimpulses den Empfänger von der Antenne und vermeidet dadurch eine Zerstörung des Empfängers durch die Sendeenergie. Wenn nicht gesendet wird, führt er die von der Antenne empfangenen Impulse dem Empfänger zu.

Nach einer Vorverstärkung wird das empfangene Signal mit Hilfe eines Überlagerungsoszillators in den Zwischenfrequenzbereich umgesetzt, in dem es einfacher verarbeitet werden kann. Ein Hüllkurvendetektor ermittelt die Einhüllende der empfangenen Radarimpulse. Dieses Videosignal wird verstärkt und, wenn eine vorgegebene Schwellenspannung überschritten wird, für die Helligkeitsansteuerung des Bildschirms verwendet, auf dem die Radarinformation dargestellt wird.

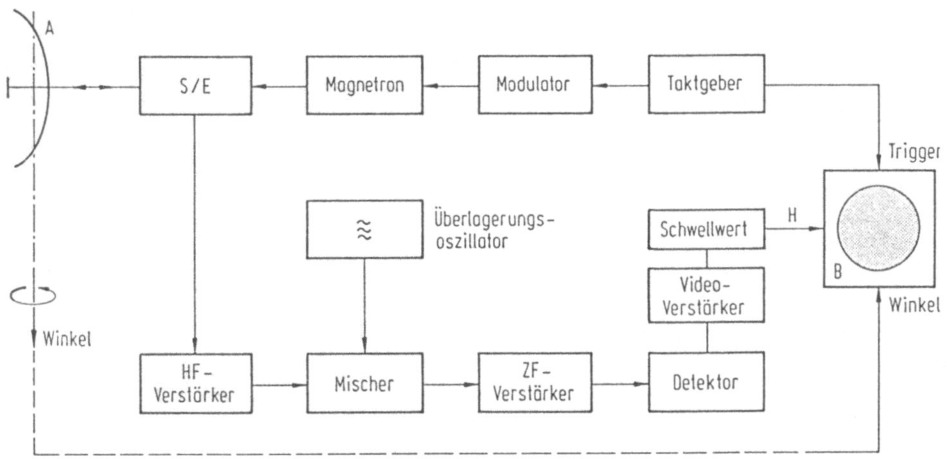


Bild 1.2. Vereinfachtes Blockschaltbild eines Pulsradars

Eine Rundsichtdarstellung der Umgebung des Radars wird erreicht, wenn man die Richtung der radialen Auslenkung des Elektronenstrahls entsprechend der momentanen Blickrichtung der Antenne wählt und mit der Auslenkung des Elektronenstrahls zum Zeitpunkt des Sendeimpulses beginnt. Bei zeitlinearer Ablenkung des Elektronenstrahls wird der Empfangsimpuls als heller Bildpunkt entsprechend seiner Entfernung vom Bildschirmmittelpunkt dargestellt. Diese Rundsichtdarstellung ist die am weitesten verbreitete Methode zur Darstellung von Radarechosignalen. In diesem Fall ist die Richtung zum Objekt durch die Ausrichtung der Antennenhauptachse gegeben und die Schrägentfernung r des Objektes kann aus der Laufzeit $\tau$ des ausgesendeten Impulses nach Gl. (1.1) ermittelt werden.

$$r = c_0 \tau / 2 \tag{1.1}$$

## 1.3 Geschichte

Die Anfänge der Radartechnik gehen auf den Deutschen Hülsmeyer [1.1] zurück, der mit einem Hindernisdetektor für Schiffe experimentiert und ihn 1904 zum Patent angemeldet hat. Die ersten Radaranordnungen benutzten Dauerstrichsignale und detektierten die durch die Bewegung des Objektes auftretenden Interferenzerscheinungen. Pulsradarsysteme wurden erstmals ab 1934 in den USA erprobt und in einem ersten operationellen System 1938 zur Entfernungsmessung für ein Feuerleitradar verwendet, das wegen geringer Winkelauflösung noch einen Scheinwerfer zur Richtungsbestimmung verwendete. In Deutschland wurden 1935 die ersten praktischen Versuche mit einem Pulsradar durchgeführt (600 MHz, 7 km Reichweite), die später zur Entwicklung des "Freya"-Gerätes führten. Die Erfolge bei der Entwicklung des Magnetrons für den Zentimeterwellenbereich während des zweiten Weltkriegs führten zu einer erheblichen Überlegenheit der Alliierten auf dem Gebiet der Ortungstechnik.

Nach 1945 fand zunächst außerhalb Deutschlands eine kontinuierliche Weiterentwicklung der während des zweiten Weltkriegs benutzten Systeme statt, die ihre Impulse durch technologische Fortschritte und durch Erarbeitung der fehlenden theoretischen Grundlagen erfahren hat. Darstellungen der geschichtlichen Entwicklung befinden sich in [1.2-1.7]. Einen Überblick gibt Tab. 1.1.

## 1.4 Anwendungen

Radarverfahren werden zur Navigation von Flugzeugen auf Luftstraßen, von Schiffen im küstennahen Bereich und neuerdings auch im Landverkehr eingesetzt. Neben der Positionsbestimmung geht es dabei meistens um die Kollisionsverhütung bzw. die Feststellung, ob bestimmte Bereiche frei von Hindernissen sind. Mit Hilfe des Radars können weiterhin Niederschlagsgebiete entdeckt und in ihrer zeitlichen Veränderung verfolgt sowie Aussagen über Niederschlagsmengen getroffen werden. Weiterhin dienen Radaranlagen zur Geschwindigkeitsüberwachung z.B. für Landfahrzeuge, in Form von Bewegungsdetektoren, zur Raumsicherung und in der industriellen Meßtechnik zur berührungslosen Messung von Größen wie Füllstand, Entfernung oder Umdrehungsgeschwindigkeit. Darüber hinaus werden Radarverfahren im Rahmen

*Tabelle 1.1. Geschichte des Radars*

| | |
|---|---|
| 1884 D: H. Hertz | Experimenteller Nachweis der Wellennatur; Reflexion elektromagnetischer Wellen an metallischen und dielektrischen Körpern |
| 1903 D: Hülsmeyer | Patent[1.1]: Hindernisdetektor für Schiffe |
| 1922 GB: Marconi | Grundidee des Schiffsradars |
| 1930 USA: | CW-Interferenz-Radar, 33 MHz |
| 1935 USA: | Pulsradar, 60 MHz |
| 1936 D: | Flugmeldegerät "Freya", Pulsradar, 150 MHz, Reichweite 28 km |
| 1938 USA: | Feuerleitradar mit Scheinwerfer (SC-268) |
| 1938 D: | Feuerleitgerät "Würzburg", 600 MHz, defokussierter, rotierender Dipol |
| 1938 GB: | Chain Home, 25 MHz-Pulsradar, 24 h |
| 1939 USA: | Weitbereichsradar zur Frühwarnung (SC-270) |
| 1940 GB: | Mehrkammermagnetron 3 GHz, 1 kW |
| 1940 D: | Flugmeldegerät "Freya", 150 MHz, 150 km Reichweite, Rundsichtdarst. (PPI) im Flugzeug |
| 1945 | Erhöhung von Sendeleistung, Empfindlichkeit, |
| 1955 | Statist. Theorie der Zielentdeckung |
| 1955 | Leistungsverstärker, Monopulsradar, Seitensichtradar, Pulskompression, Radarsignalverarbeitung |
| 1960 | Radarsignaltheorie |
| 1970 | Darstellung synthet. Radarbilder |
| 1975 | Phased Array |
| 1975 | Digitale Radarsignalverarbeitung Millimeterwellenabbildung |
| 1980 | Erderkundung, MMICs |

der Fernerkundung eingesetzt. Ähnlich wie aus Luftaufnahmen können aus den Radarbildern Karten der Erdoberfläche erstellt werden, die auch Aussagen über den Zustand der Vegetation und über Bodenschätze zulassen. Im Bereich der Meeresforschung können Aussagen über Meeresströmungen, Windrichtungen und Zustand der Meeresoberfläche getroffen werden.

Im militärischen Bereich werden Radarverfahren über die zivilen Anwendungen hinaus zur Entdeckung, Ortung und Überwachung möglicher Ziele und in Form des Feuerleitradars zur Steuerung von Waffen eingesetzt. Mit Hilfe von Radarverfahren können ebenfalls Flugzeuge in geringen Höhen über die Erdoberfläche geführt werden.

Im wissenschaftlichen Bereich werden Radarverfahren zur Erkundung der Erdatmosphäre eingesetzt. Neben dem Aufbau der Atmosphäre geht es dabei um Wolkenstrukturen und um die Bestimmung von Niederschlagsparametern, wie Regentropfengröße und Verteilung. Weiterhin können Himmelskörper mit Hilfe von Radarverfahren abgebildet werden.

## 1.5 Frequenzbereiche

Die Auswahl der Frequenzbänder für Radarverfahren, über die Tab. 1.2 einen Überblick gibt, geschieht nach den folgenden Gesichtspunkten. Der Zusammenhang

$$\gamma = 50^{\circ} \lambda / D \tag{1.2}$$

zwischen Winkelauflösung $\gamma_A$ Wellenlänge $\lambda$ und den Antennenabmessungen D legt eine untere Frequenzgrenze für Radaranlagen fest. Das liegt daran, daß die zu verwendenden Antennen, wenn sie drehbar sein sollen, bestimmte mechanische Abmessungen nicht überschreiten dürfen. Radarsysteme werden daher in der Regel erst bei Frequenzen oberhalb von 1 GHz realisiert, wobei bei 1 GHz vorwiegend die weniger hochauflösenden Mittelbereichsrundsichtradaranlagen für die Luftstraßenüberwachung angesiedelt sind. Für Flughafenrundsichtradaranlagen, bei denen bereits eine höhere Auflösung erforderlich ist, werden vorwiegend Frequenzen um 3 GHz verwendet. Die präzise Wiedergabe der Uferlinien von Küsten und Flüssen, die für eine sichere Schiffsführung erforderlich ist, benötigt Winkelauflösungen, die bei kleinen Antennenabmessungen erst bei Frequenzen um 10 GHz erreicht werden können. Noch höhere Auflösung, wie sie z.B. für die Rollfeldüberwachung auf Flughäfen benötigt wird, kann erst bei Frequenzen im Millimeterwellenbereich erreicht werden.

Der Anwendung immer höherer Frequenzen, zu der man zum Teil auch aus Verfügbarkeitsgründen gezwungen ist, stehen die Ausbreitungseigenschaften der Atmosphäre für Mikrowellen entgegen, die in ihrer Frequenzabhängigkeit in Bild 1.3 dargestellt sind. Man erkennt in Bild 1.3 die Zunahme der atmosphärischen Dämpfung mit der Frequenz, deren Verlauf durch das Auftreten von lokalen Dämpfungsminima, sog. Ausbreitungsfenstern, gekennzeichnet ist. Dies führt dazu, daß im Millimeterwellenbereich Radaranlagen vorwiegend bei 35 GHz und bei 94 GHz betrieben werden. Diesem für unsere Atmosphäre charakteristischen Dämpfungsverlauf, der durch Molekülresonanzen der Gase der Atmosphäre bewirkt wird, überlagert sich der dämpfende Einfluß von Niederschlägen, der aus den Dämpfungskurven für Regen unterschiedlicher Stärke und für Nebel abgelesen werden kann.

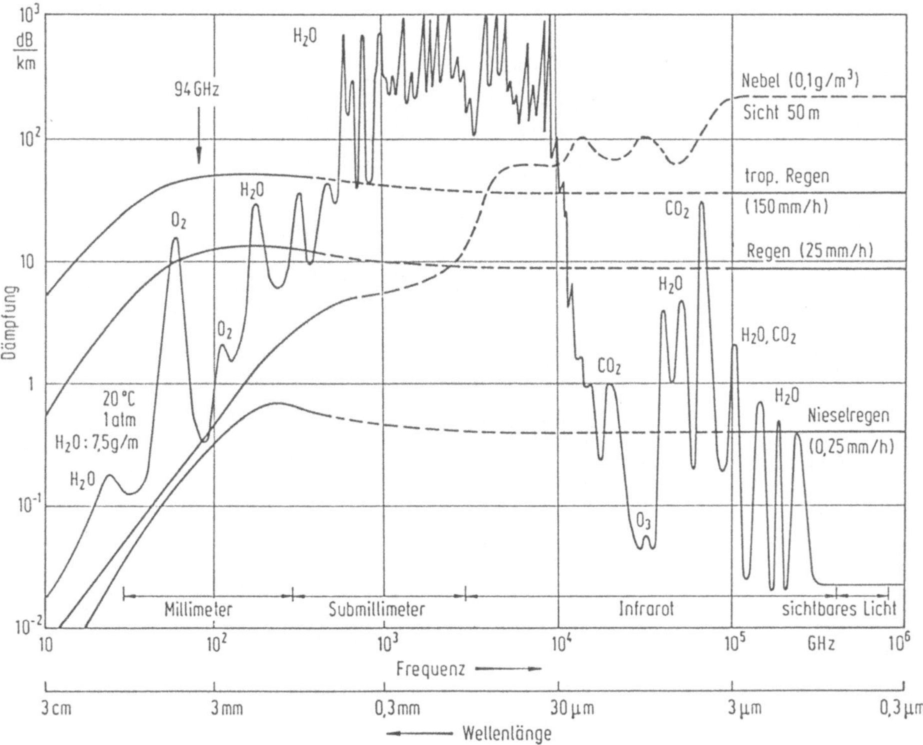


**Bild 1.3. Dämpfung elektromagnetischer Wellen durch die Atmosphäre bei Normaldruck, Einfluß von Regen und Nebel**

Die Reflexion der elektromagnetischen Welle an sich in der Luft befindenden Wassertröpfchen wird andererseits beim Wetterradar zur Entdeckung von Niederschlagsgebieten ausgenützt. Für diese Anwendung ergibt sich als Kompromiß zwischen nicht zu großer Ausbreitungsdämpfung und ausreichender Rückstreufläche der Regentropfen die Auswahl von Frequenzen um 10 GHz. Wie aus der Fortsetzung der Dämpfungskurven bis in den infraroten bzw. in den Bereich des sichtbaren Lichts erkennbar ist, erhält man speziell bei Nebel für Millimeterwellensignale deutlich geringere Dämpfungen. Aus diesem Grund gewinnen die Millimeterwellen im Bereich um 94 GHz für militärische Anwendungen, z.B. in Form des Gefechtsfeldradars, größere Bedeutung.

Der zunehmenden Anwendung immer höherer Frequenzen steht weiterhin entgegen, daß die Kosten zur Erstellung eines Radarsystems mit steigender Frequenz überproportional anwachsen, weil die benötigten Bauelemente mit höherer Präzision hergestellt werden müssen bzw. ihrer Herstellung technologische Grenzen entgegenstehen. Außerdem nehmen die mit Mikrowellenröhren und -halbleitern erzeugbaren Sendeleistungen mit wachsender Frequenz ab.

*Tabelle 1.2 Frequenzbänder für Radarverfahren*

| Radarfrequenzband | Kurz-bezeichnung (alt) | (neu) | typ. Nutzung des Frequenzbandes |
|---|---|---|---|
| 1.03 GHz, 1.09 GHz | L-Band | D | Sekundärradar |
| 1.215-1.4 GHz | L-Band | D | Mittelbereich-Rundsichtradar für Luftstraßenüberwachung |
| 2.3-2.55, 2.7-3.7 GHz | S-Band | E | Flughafen-Rundsichtradar. Weitbereichsverfolgung (Tracking) |
| 2.9-3.1 GHz | | E/F | Schiffsradar |
| 5.25-5.925 GHz | C-Band | G | Präzise Schiffsführung |
| 8.5-10.68 GHz | X-Band | I/J | Präzisions-Anflugradar Wetterradar in Flugzeugen |
| 9.3-9.5 GHz | | I | Schiffsradar |
| 13.3 GHz | Ku-Band | J | Dopplernavigation |
| 13.4-14.0, 15.7-17.7GHz | Ku-Band | J | |
| 33.4-36.0 GHz | Ka-Band | K | Rollfeldüberwachung auf Flughäfen |
| ca. 94 GHz | W-Band | M | Gefechtsfeldradar |

## Literatur zu Kapitel 1

[1.1] Hülsmeyer, C.: Verfahren, um entfernte metallische Gegenstände mittels elektrischer Wellen einem Beobachter zu melden. DRP 165546 und DRP 169154, 1904.

[1.2] Reuter, F.: Funkmeß, Westdeutscher Verlag, 1971.

[1.3] Skolnik, M.I.: Introduction to Radar Systems, 2. Aufl. Kogagusha: McGraw Hill Kogakusha, 1980, S. 8-12.

[1.4] Stanner, W.: Leitfaden der Funkortung, Garmisch: Dt. Radar-Verlagsgesellschaft, 1960, S. 7-14.

[1.5] Bopp; Paul; Taeger: Radar Grundlagen Anwendungen, Berlin: Schiele und Schön, 1965, S. 13-18.

[1.6] Nathanson, F.E.: Radar Design Principles, New York: McGraw Hill, 1969, Abschn. 1.1.

[1.7] Page, R.M.: Die Entwicklung zum Radar, München: Kurt Desch, München, 1972.

# 2 Grundlagen der Radartechnik

In diesem Kapitel werden die Grundbegriffe der Radartechnik am Beispiel des Pulsradars vorgestellt.

## 2.1 Radargleichung

Die Radargleichung liefert für ein Objekt in Hauptkeulenrichtung den Zusammenhang zwischen Sendeleistung $P_s$ und Empfangsleistung $P_e$ unter idealisierten Bedingungen. Eine weiter ins Detail gehende Darstellung, die alle Sonderfälle berücksichtigt, befindet sich in [2.1].

Zur Herleitung der Radargleichung geht man zunächst von einem isotropen Kugelstrahler aus, bei dem sich die abgestrahlte Leistung definitionsgemäß auf den gesamten Raumwinkelbereich gleichmäßig aufteilt. Die Leistungsdichte $p_i$ am Ort des Objekts im Abstand r ist damit die auf die Sendeleistung bezogene Kugeloberfläche. Sie beträgt

$$p_i = P_s/(4\pi r^2). \qquad (2.1)$$

Mit einer Sendeantenne mit dem Gewinn $g_s$ in Hauptstrahlungsrichtung erhöht sich die Leistungsdichte um diesen Faktor auf

$$p = g_s \cdot P_s/(4\pi r^2). \qquad (2.2)$$

Der Gewinn wird meist in Dezibel, bezogen auf den Gewinn des isotropen Strahlers angegeben. Die Umrechnungsformel lautet

$$G_s/[\mathrm{dB}] = 10 \log g_s.$$

Die Leistungsdichte $p_e$ der reflektierenden Welle, die am Ort des Empfängers beobachtet wird, kann als Sendeleistung $P_ä$ eines isotropen Strahlers interpretiert werden, den man sich am Ort des Objekts vorzustellen hat. Diese äquivalente Strahlungsleistung steht zu $p_e$ in folgender Beziehung:

$$p_e = P_ä/(4\pi r^2). \tag{2.3}$$

Die äquivalente Strahlungsleistung des Objekts ist zur Leistungsdichte p proportional, die die einfallende Welle am Ort des Objekts erzeugt. Der Proportionalitätsfaktor ist von der Dimension her eine Fläche, die als Rückstreufläche $\sigma$ bezeichnet wird:

$$P_ä = p \cdot \sigma . \tag{2.4}$$

Gl. (2.4) ist die Definitionsgleichung für die Rückstreufläche $\sigma$. Die Empfangsleistung $P_e$ erhält man über die Wirkfläche $A_w$ der Empfangsantenne gemäß

$$P_e = p_e \cdot A_w . \tag{2.5}$$

Antennenwirkfläche und Antennengewinn sind zueinander proportional. Die Wirkfläche $A_w$ ist um den Faktor $g_e$ größer als die Wirkfläche $A_I$ des isotropen Kugelstrahlers

$$A_I = \lambda^2/4\pi \tag{2.6}$$

und

$$A_w = A_I \cdot g_e . \tag{2.7}$$

Die Gln. (2.1)-(2.7) lassen sich zu einer Beziehung für die Streckendämpfung zusammenfassen. Verwendet man, wie in der Praxis üblich, die selbe Antenne für Senden und Empfangen, so erhält man

$$\frac{P_e}{P_s} = \frac{A_w^2 \cdot \sigma}{4\pi \cdot r^4 \cdot \lambda^2} . \tag{2.8}$$

Aus Gl. (2.8) kann gefolgert werden, daß bei konstanten geometrischen Antennenabmessungen ($A_w$) die Streckendämpfung mit wachsender Frequenz sinkt. Die Verwendung möglichst hoher Frequenzen erscheint daher für die meisten Radaranwendungen vorteilhaft, sofern dies nicht durch andere Einflüsse, wie z.B. die Dämpfung der Atmosphäre oder die Verfügbarkeit von Sendeleistung oder Bauelementen, begrenzt wird.

Bei Verwendung des Antennengewinns $g = g_s = g_e$ ergibt sich

$$\frac{P_e}{P_s} = \frac{g^2 \cdot \lambda^2 \cdot \sigma}{(4\pi)^3\, r^4} \quad . \tag{2.9}$$

Gl. (2.9) zeigt, daß bei konstantem Antennengewinn und damit vorgegebener Antennenbündelung die Streckendämpfung mit abnehmender Frequenz sinkt. Die aus dieser Beziehung abzuleitende Forderung nach Wahl einer möglichst tiefen Betriebsfrequenz kann z.B. bei der Dimensionierung eines Radarhöhenmessers für Flugzeuge eine Rolle spielen. In diesem Fall ist nämlich frequenzunabhängig eine ausreichende Breite des Antennendiagramms zu fordern, damit sich der stark reflektierende Spiegelpunkt unabhängig vom Anstellwinkel des Flugzeugs stets im Beleuchtungsfeld der Antenne befindet.

Die Angabe der Empfangsleistung $P_e$ von einem Objekt gestattet noch keine Aussage über dessen Erkennbarkeit. Dazu ist ein Vergleich mit der Empfängerempfindlichkeit notwendig. Die Empfängerempfindlichkeit $P_{emin}$ ist die minimale Empfangsleistung, die erforderlich ist, um ein bestimmtes, für die Zielentdeckung ausreichendes Signal-Rausch-Verhältnis $(S/N)_{min}$ am Empfängerausgang zu erzielen. Die Empfängerempfindlichkeit ist größtenteils durch thermisches Rauschen begrenzt, das vom Empfänger selbst und von der natürlichen Mikrowellenstrahlung der von der Antenne beleuchteten Umgebung stammt. Beide Anteile werden zur Systemrauschtemperatur $T_S$ zusammengefaßt. Daneben spielt die Empfängerrauschbandbreite $B_n$ eine Rolle, die so klein wie möglich, aber noch ausreichend groß gewählt werden muß, um eine verzerrungsarme Übertragung der Empfangsimpulse zu ermöglichen:

$$P_{emin} = k \cdot T_S \cdot B_n \cdot (S/N)_{min} \quad . \tag{2.10}$$

$k = 1.38 \cdot 10^{-23}$ J/K (Boltzmannkonstante)

Da die Empfangsleistung mit der 4. Potenz von der Entfernung abhängig ist, ergeben sich für das selbe Objekt je nach Entfernung große Pegelunterschiede. Durch Anwendung einer laufzeitabhängigen Steuerung der Empfängerempfindlichkeit *(STC = Sensitivity Time Control)* gelingt es, diesen Einfluß auf den Dynamikbereich des Empfangssignals klein zu halten. Man erreicht dies durch ein dem Empfänger vorgeschaltetes elektronisch steuerbares Dämpfungsglied (z.B. PIN-Dioden-Schalter), das entsprechend der Laufzeit $\tau$ der zu erwartenden Impulse in seiner Dämpfung a gesteuert wird. Auf diese Weise bleibt der Empfangspegel innerhalb des Dynamikbereichs des Empfängers. Gleichzeitig werden auch die Pegel naheliegender Störechos soweit reduziert, daß eine Übersteuerung des Empfängers vermieden wird.

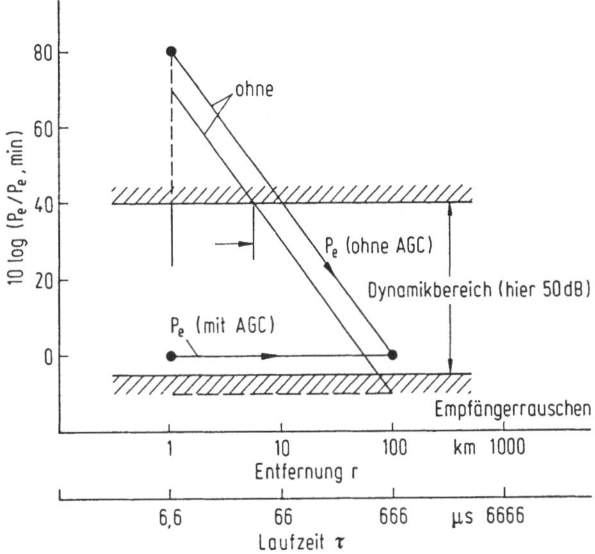


Bild 2.1. Prinzipieller Verlauf des Empfangspegels mit und ohne Empfangskanalsteuerung (STC) als Funktion der Pulslaufzeit $\tau$

## 2.2 Kohärentes und nichtkohärentes Pulsradar

Man kann Pulsradarsysteme danach unterscheiden, ob sie die Phaseninformation $\varphi$, die in den empfangenen Radarimpulsen enthalten ist, auswerten oder nicht. Beschreibt man das Sendesignal des Radarsystems durch

$$u_s(t) = A(t) \cdot \cos\{2\pi f_s t\},$$

$A(t)$: Hüllkurve des Sendeimpulses

so erhält man für das Empfangssignal

$$u_e(t) = a \cdot u_s(t-\tau) = a \cdot A(t-\tau) \cdot \cos\{2\pi f_s t - \varphi\}, \tag{2.11}$$

a: Dämpfung zwischen Sende- und Empfangsignal

wobei der Phasenterm $\varphi$ neben dem Reflexionsverhalten des Objekts wesentlich durch die Laufzeit $\tau$ bzw. die Objektentfernung r beeinflußt ist. Es gilt die Beziehung

$$\varphi = -2\pi \cdot f_s \tau = -2\pi \cdot 2r/\lambda. \tag{2.12}$$

Durch zusätzliche Auswertung dieser Phaseninformation, die bei den meisten modernen Radarsystemen durchgeführt wird, erhält man Informationen über Bewegungszustand und Bewegungsänderungen des Objektes. Bewegt sich das Objekt mit konstanter Geschwindigkeit $v_r = dr/dt$, so entspricht dem eine zeitlineare Laufzeit- und damit Phasenänderung, die gleichbedeutend mit einer Frequenzverschiebung um die sog. Dopplerfrequenz ist (s. Kap. 4).

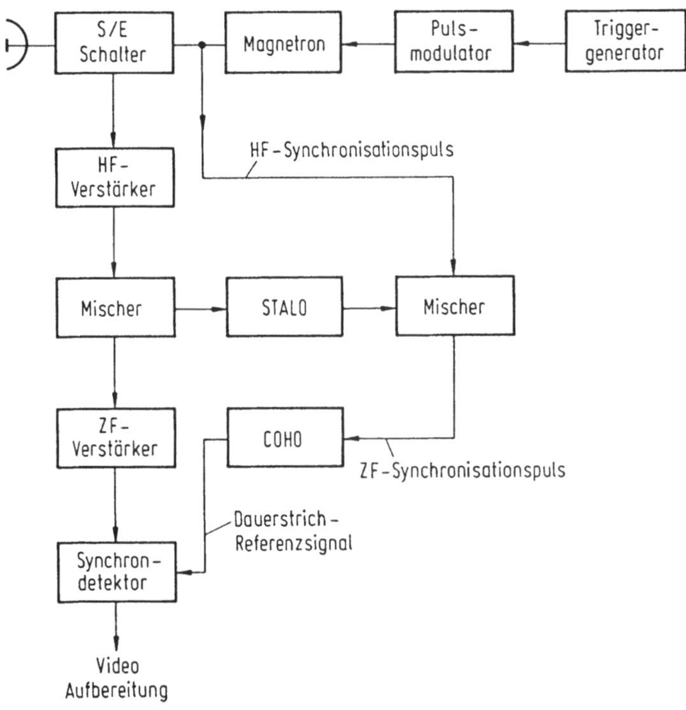


Bild 2.2. Blockschaltbild eines teilkohärenten Pulsradars

Während bei einem klassischen, nichtkohärenten Pulsradar nach Bild 1.2 durch Gleichrichtung des verstärkten Empfangsimpulses am Ausgang des ZF-Verstärkers die Phaseninformation verloren geht, wird bei den kohärenten oder teilkohärenten Pulsradarsystemen ein Phasenvergleich mit dem Sendeimpuls durchgeführt. Da der Sendeimpuls selbst nur während der Pulsdauer $t_p$ zur Verfügung steht, muß seine Phaseninformation für den gesamten Empfangszeitraum gespeichert bleiben. Das läßt sich beim von Impuls-zu-Impuls-kohärenten Radar nach Bild 2.2 dadurch verwirklichen, daß jeweils mit dem Sendeimpuls ein weiterer Oszillator vom Sendeoszillator synchronisiert wird, der die Phase des Sendeoszillators über den Empfangszeitraum hinweg beibehält.

Dieses Synchronisationssignal nach Bild 2.2 entsteht auf der Zwischenfrequenz durch Mischung des Sendeimpulses mit dem Signal des stabilen Überlagerungsoszillators (STALO), das auch für den Empfangsmischer verwendet wird.

Damit wird der auf der Zwischenfrequenz im Dauerstrichbetrieb arbeitende Kohärenzoszillator (COHO) synchronisiert, der als Ansteuerung für den phasenempfindlichen Gleichrichter eingesetzt wird. An dessen Ausgang stehen die Empfangsimpulse nach Real- und Imaginärteil zur Verfügung.

Beim vollkohärenten Pulsradar nach Bild 2.3 wird dagegen das eigentliche Sendesignal mit der Frequenz $f_{St}+f_{ZF}$ durch Hochtasten eines Leistungsverstärkers erzeugt. Das unverstärkte Sendesignal ist kohärent zum Signal des Kohärenzosszillators, das zur Ansteuerung des Phasengleichrichters verwendet wird. Der phasenempfindliche Gleichrichter liefert mit $\varphi$ aus Gl. (2.11) dann die Signale

$$u_R(t) = a\cdot A(t-\tau)\cdot\cos\{-\varphi\} \quad \text{und} \qquad (2.13)$$
$$u_I(t) = a\cdot A(t-\tau)\cdot\sin\{-\varphi\} \; .$$

Bei Vergleich mit dem hochfrequenten Empfangssignal kann dieser Zusammenhang so interpretiert werden, daß ein vollkohärentes Radar an seinem Ausgang ein Abbild des komplexen Empfangssignals, nach Real- und Imaginärteil zerlegt, zur Verfügung stellt. Der hochfrequente Trägerterm wird durch den Empfänger beseitigt.

Kohärentes und nichtkohärentes Radar unterscheiden sich durch die Signalspektren. Im nicht kohärenten Fall wird der Sendeoszillator zu Beginn jedes Sendeimpulses neu gestartet. Die Phasen aufeinanderfolgender Sendeimpulse sind daher unabhängig voneinander. Das Spektrum des Sendepulses ist deshalb gleich dem Leistungsspektrum eines einzelnen Impulses. Man erhält, wie in Bild 2.4 dargestellt, ein kontinuierliches Spektrum, dessen halbe Hauptmaximumsbreite bei ideal rechteckförmigen Sendeimpulsen gleich der reziproken Pulsdauer ist.

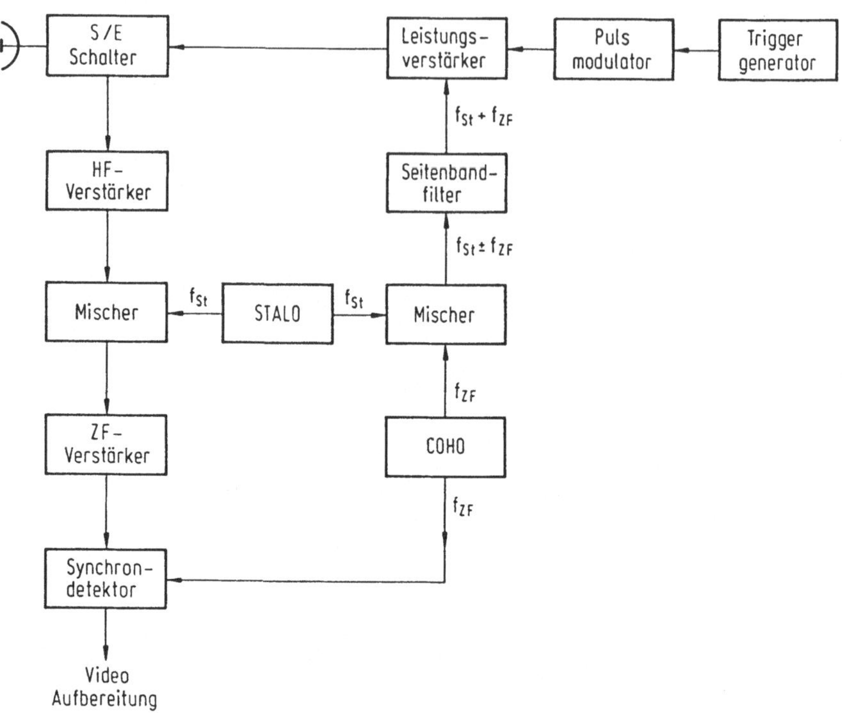


Bild 2.3. Blockschaltbild des vollkohärenten Pulsradars

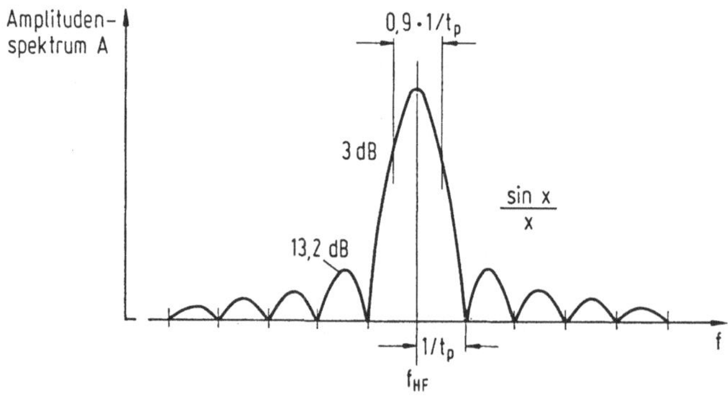


Bild 2.4. Sendespektrum eines nichtkohärenten Pulsradars mit der Pulsdauer $t_p$ bei rechteckförmiger Tastung

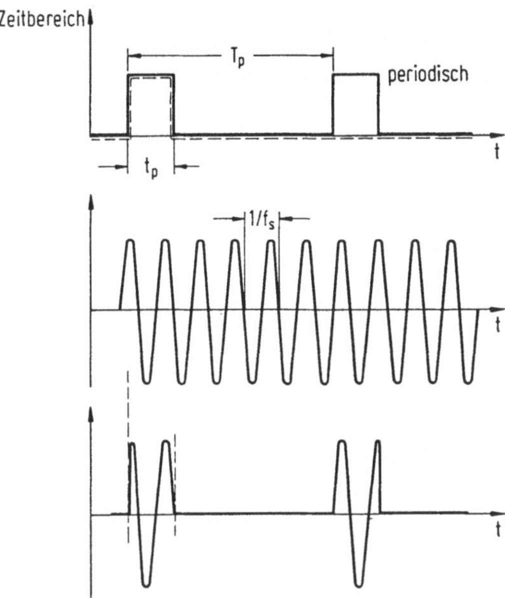


Bild 2.5. Sendesignal eines kohärenten Pulsradars im Zeitbereich, ideal rechteckförmige Tastung mit Pulsdauer $t_p$, Pulsabstand $T_p$. a) Tastimpulse, b) Dauerstrichsignal, c) Sendesignal

Das Sendespektrum eines kohärenten Pulsradars kann man sich nach Bild 2.6 durch Multiplikation einer Rechteckimpulsfolge mit einem Dauerstrichsendesignal entstanden denken. Im Spektralbereich entspricht dies einer Faltung der Fouriertransformierten, also der Faltung des Kammspektrums mit sin(x)/x-Amplitude mit der Dirac-Funktion bei der Sendefrequenz $f_s$. Damit erhält man nach Bild 2.5 ein Kammspektrum, das um die Sendefrequenz zentriert ist. Im Unterschied zum Spektrum des nichtkohärenten Pulsradars handelt es sich dabei um ein diskretes Spektrum, dessen Spektrallinien voneinander einen Abstand aufweisen, der gleich der Impulsfolgefrequenz $f_p = 1/T_p$ ist.

Aus den Spektren läßt sich nach Bild 2.7 entnehmen, daß die Signalbandbreite B des Pulsradarsignals in etwa bei

$$B = 1/t_p \tag{2.14}$$

liegt. Zur verzerrungsarmen Übertragung dieses Signals ist eine ZF-Bandbreite von

$$B_{ZF} = 2B = 2/t_p \tag{2.15}$$

erforderlich. Nach Umsetzung in den Videobereich, z.B. mit Hilfe des phasengesteuerten Gleichrichters, beträgt die zu verarbeitende Bandbreite

$$B_V = 1/t_p \ . \tag{2.16}$$

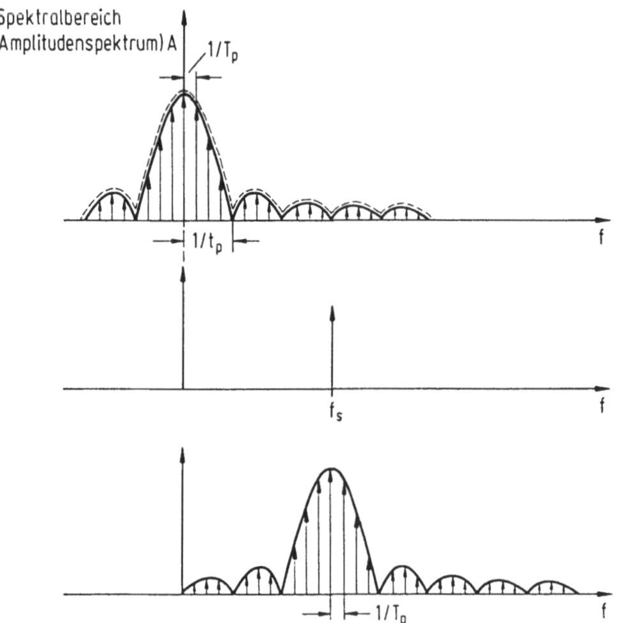


Bild 2.6. Ableitung des Sendespektrums eines kohärenten Pulsradars.
a) Impulsfolge, b) HF-Träger, c) Sendespektrum

## 2.3 Entfernungsbestimmung

Beim Pulsradar wird die Schrägentfernung r aus der Laufzeit $\tau$ des Sendeimpulses bestimmt:

$$r = c_0 \cdot \tau/2 \ . \tag{2.17}$$

Die Entfernungsmeßgenauigkeit $\delta r$ ist die Genauigkeit, mit der die Schrägentfernung eines Objektes ermittelt werden kann. Bei vielen Radarsystemen spielt dieser Parameter eine untergeordnete Rolle, weil es in einer Mehrzielumgebung vorwiegend auf die Fähigkeit, mehrere Ziele voneinander unterscheiden zu können, ankommt. Dieser wichtige Parameter wird als Auflösungsvermögen bezeichnet und gibt den kleinsten Abstand $\Delta r$ zweier Objekte gleicher Amplitude an, die im Grenzfall gerade noch voneinander unterschieden werden können. Meßgenauigkeit und Auflösungsvermögen sind begrifflich streng voneinander zu trennen.

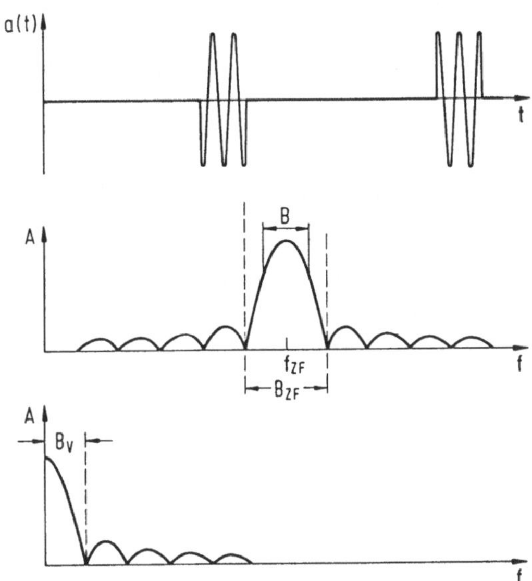


Bild 2.7. Signal-, Verarbeitungs- und Videobandbreiten bei Pulsradarsignalen.
a) Sendesignal im Zeitbereich, b) ZF-Spektrum, c) Videospektrum

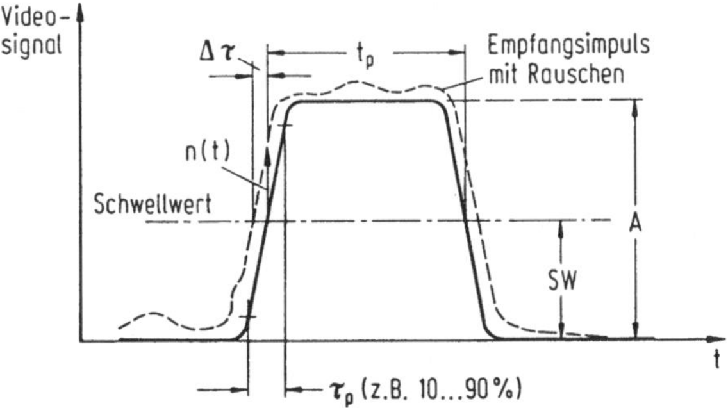


Bild 2.8. Zur Bestimmung der Entfernungsmeßgenauigkeit

Die Entfernungsmeßgenauigkeit kann nach Bild 2.8 aus der Genauigkeit bestimmt werden, mit der die Ankunftszeit des Empfangsimpulses gemessen werden kann. Als

Ankunftszeit wird der Zeitpunkt definiert, zu dem das Empfangssignal einen vorgegebenen Schwellwert SW überschreitet. Dieser Zeitpunkt wird durch das immer vorhandene Empfängerrauschen mit der Rauschleistung N verfälscht. Unter der für größere Signal- zu Rauschleistungsverhältnisse richtigen Annahme, daß durch das Rauschsignal die Anstiegszeit des Empfangsimpulses nicht verändert wird, erhält man für den Laufzeitfehler

$$\delta\tau = \tau_p/A \cdot n(t)$$

n(t): momentanes Rauschsignal
A : Amplitude des ZF-Signals

Der Effektivwert des Laufzeitfehlers ist dann gegeben durch

$$\delta\tau_2 = 1/T \cdot \int_T \delta\tau^2 \, d\tau = \tau_2/A_2 \quad 1/T \cdot \int_T n^2(t) \, dt$$

Mit der Signalleistung

$$S = \tfrac{1}{2} A^2/R$$

und der Rauschleistung im Videoband

$$N = \frac{\overline{n^2(t)}}{R}$$

ergibt sich

$$\delta r = \frac{c_0}{2} \sqrt{\overline{\delta\tau^2}} = \tau_p \frac{c_0}{\sqrt{2S/N}} \quad . \tag{2.18}$$

Im Unterschied zur Entfernungsmeßgenauigkeit $\delta r$ ist das Entfernungsauflösungsvermögen $\Delta r$ vom Signal-Rausch-Abstand unabhängig. Nach Bild 2.9 kann aus der Überlagerung der Empfangsimpulse zweier Objekte gleicher Amplitude dann gerade noch auf das Vorhandensein zweier Objekte geschlossen werden, wenn der zeitliche Abstand ihres Eintreffens am Empfänger gleich der Impulsdauer $t_p$ ist.

$$\Delta r = \frac{c_0 \cdot t_p}{2} = \frac{c_0}{2B} \tag{2.19}$$

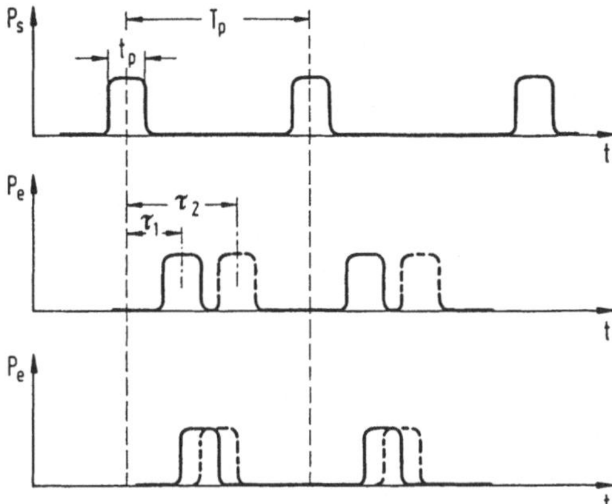


Bild 2.9. Zum Auflösungsvermögen für zwei Objekte mit gleicher Amplitude.
a) Sendeimpulse, b) Auflösung möglich, c) Auflösung nicht möglich

Der zweite Term in Gl. (2.19) besagt, und das gilt unabhängig vom verwendeten Radarsystem und daher nicht nur für das Pulsradar, daß das erreichbare Entfernungsauflösungsvermögen eines Radarsystems bei optimaler linearer Signalverarbeitung nur von der Signalbandbreite B abhängig ist.

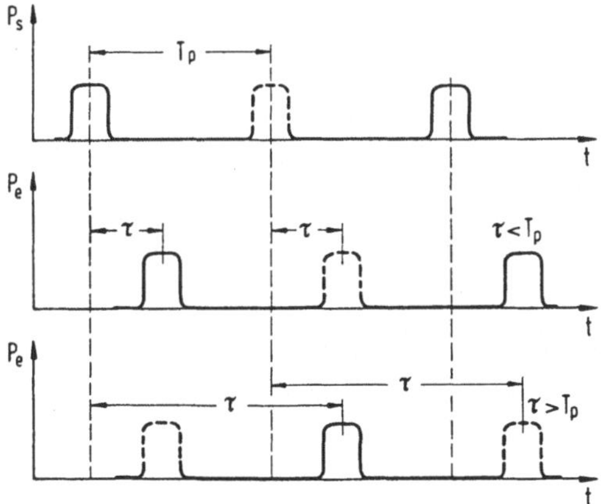


Bild 2.10. Eindeutigkeitsbereich. a) Sendeimpulse, b) Empfang aus dem Eindeutigkeitsbereich, c) Mehrdeutiger Empfang

Ein weiterer Parameter des Pulsradars ist sein Eindeutigkeitsbereich $r_E$. Eine Mehrdeutigkeit der Entfernungsinformation kommt beim Pulsradar dadurch zustande, daß bei periodischer Pulsaussendung keine eindeutige Zuordnung des Empfangsimpulses zum vorausgegangenen Sendeimpuls möglich ist. Der Empfangsimpuls kann auch von früheren Sendeimpulsen herrühren. Objekte, für die sich eine Signallaufzeit ergibt, die nach Bild 2.10 größer als der Impulsabstand $T_p$ ist, werden daher mit falscher Entfernung angezeigt. Die Grenze des Eindeutigkeitsbereichs wird daher durch $\tau = T_p$ oder

$$r_E = \frac{c_0 \cdot T_p}{2} \tag{2.20}$$

beschrieben.

## 2.4 Winkelmessung

Winkelauflösung und Winkelmeßgenauigkeit sind grundsätzlich von den auf die Wellenlänge $\lambda$ bezogenen Abmessungen der üblicherweise verwendeten flächenhaften Antennen abhängig. Wird die Antennenapertur durch ihre geometrischen Abmessungen $D_y$ und $D_z$ quer zur Hauptstrahlungsrichtung beschrieben, so erhält man Gl. (2.21) und Gl. (2.22) für die Halbwertsbreiten der Strahlungskeule.

$$\gamma_\varphi = 70° \cdot \lambda / D_y \tag{2.21}$$

$$\gamma_\theta = 70° \cdot \lambda / D_z \tag{2.22}$$

Die Keulenbreiten nach den Gln. (2.21) und (2.22) geben Richtwerte zur Abschätzung an, die sich erreichen lassen, wenn die Nebenkeulendämpfung bei etwa 20dB liegt.

Verwendet man die Richtantenne als Radarantenne, so wird das Antennendiagramm beim Senden **und** Empfangen wirksam. Ein Radarsignal, das ein Objekt außerhalb der Hauptstrahlungsrichtung beleuchtet, wird daher zweimal bei Durchlaufen der Richtcharakteristik beeinflußt. Die für die Winkelauflösung wirksame Antennenkeule ist daher schärfer und kann aus den Gln. (2.23) und (2.24) ermittelt werden.

$$\gamma_{A\varphi} = 50° \cdot \lambda / D_y \tag{2.23}$$

$$\gamma_{A\theta} = 50° \cdot \lambda / D_z \tag{2.24}$$

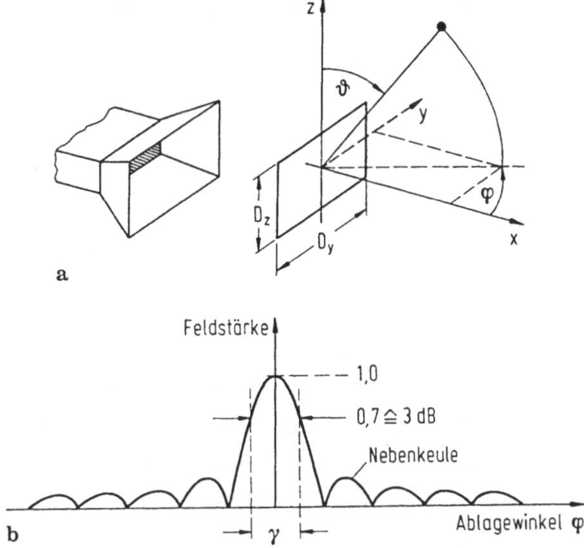


Bild 2.11. Aperturantennen. a) Antennenabmessungen, b) Richtcharakteristik und Auflösungsgrenzen in einer Ebene

## 2.5 Ausbreitungseigenschaften über der Erdoberfläche

### 2.5.1 Ausbreitungsgeschwindigkeit

Neben dem in Abschn. 1.5 dargelegten Einfluß der atmosphärischen Dämpfung auf den Ausbreitungsvorgang ist zu berücksichtigen, daß nur im Vakuum die Wellenausbreitung exakt mit der Lichtgeschwindigkeit

$$c_0 = 2.99792 \cdot 10^8 \text{ m/s}$$

erfolgt. In einem homogenen Medium breitet sich die Welle mit der Phasengeschwindigkeit

$$v_P = c_0 / \sqrt{\epsilon_r \mu_r}$$

aus, wobei für Luft an der Erdoberfläche $\mu_r = 1$ und für die Brechzahl

$$n = \sqrt{\epsilon_r} = 1.0003$$

gesetzt werden kann. Für übliche Abschätzungen der Laufzeit kann bei kleinem Fehler mit

$$v_P \approx c_0 \approx 3 \cdot 10^8 \text{ m/s}$$

gerechnet werden.

## 2.5.2 Radarhorizont

Für die Bestimmung des Radarhorizonts muß berücksichtigt werden, daß die Atmosphäre ein geschichtetes Medium darstellt, dessen Brechzahl n in der Regel zur Erdoberfläche hin zunimmt. Die Brechzahl n ist vom Luftdruck, von der Lufttemperatur und vom Partialdruck des Wasserdampfes abhängig [2.2]. Dies hat eine Krümmung des Radarstrahls zur Erdoberfläche hin zur Folge und bewirkt damit nach Bild 2.12 eine größere Reichweite.

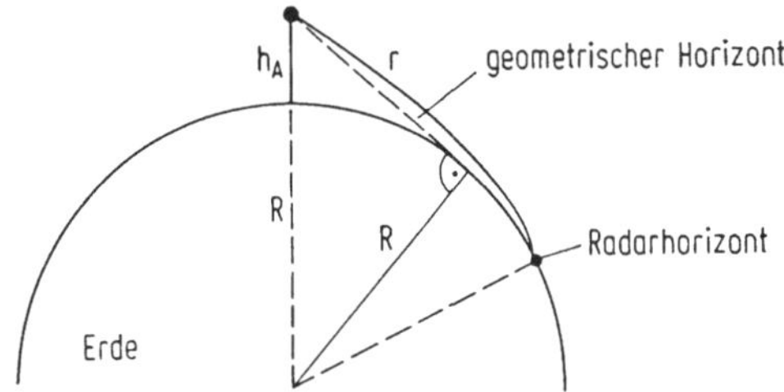


Bild 2.12. Gegenüberstellung von geometrischem und Radar-Horizont, R = 6360 km

Ohne Berücksichtigung der Beugungseffekte ergibt sich der geometrische Horizont, der sich aus Bild 2.12 aufgrund einfacher geometrischer Überlegungen zu

$$r_0 = \sqrt{2R \cdot h_A} \qquad (2.25)$$

R : Erdradius (6360km)

$h_A$: Antennenhöhe über Grund

bestimmen läßt. Der Einfluß der Beugung wird empirisch dadurch berücksichtigt, daß man in Gl. (2.25) einen um den Faktor 4/3 vergrößerten Erdradius einsetzt. Gl. (2.26) stellt die für diesen Fall zugeschnittene Gleichung dar, die auch die Höhe eines zu vermessenden Objekts berücksichtigt.

$$r_R/\mathrm{km} = 4.1\,\sqrt{h_A/\mathrm{m}} + 4.1\,\sqrt{h_Z/\mathrm{m}} \qquad (2.26)$$

$h_Z$: Höhe des Objektes über der Erdoberfläche

Durch von der Normalatmosphäre abweichende Luftschichtung können veränderte Brechzahlprofile auftreten, die Wellenleitereigenschaften aufweisen und erheblich größere Reichweiten bewirken (sog. *Ducts* [2.3]).

## 2.5.3 Reflexionen an der Erdoberfläche

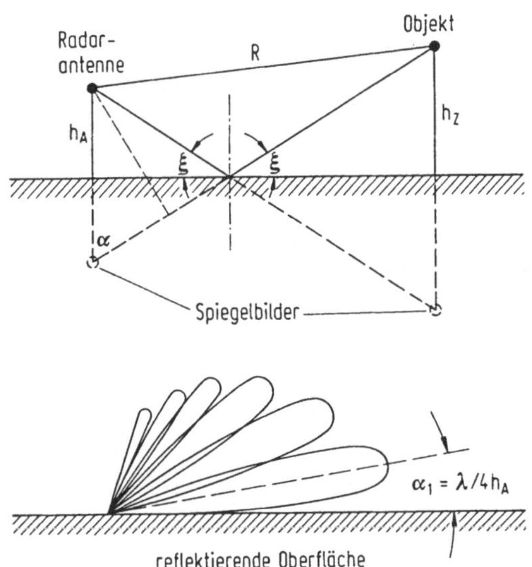


Bild 2.13. Aufzipfelung des Antennendiagramms über reflektierenden Oberflächen. a) Zustandekommen, b) wirksame Richtcharakteristik

Bei nicht ausreichender Antennenbündelung wird bei Radarmessung über der Erdoberfläche stets auch diese beleuchtet. Wie in Bild 2.13 dargestellt, gibt es in diesem Fall neben dem direkten Signalweg einen Ausbreitungsweg, bei dem die Welle an der als eben anzunehmenden Erdoberfläche nach den Gesetzen der geometrischen Optik reflektiert wird. Für den Fall, daß direktes und reflektiertes Signal gleiche Amplituden aufweisen, kann durch Interferenz Signalauslöschung erfolgen. Die auftretenden Verhältnisse beschreibt man am besten durch ein wirksames Antennendiagramm. Den Beitrag des an der Oberfläche reflektierten Signals erhält man dadurch, daß man die Anordung durch eine spiegelbildlich zur Erdoberfläche liegende zweite Antenne ergänzt und das resultierende Diagramm bestimmt. Bei großem Abstand zwischen den beiden Antennen entsteht ein stark aufgezipfeltes wirksames Antennendiagramm, dessen Nullstellen die Richtungen kennzeichnen, für die die Radaranordnung blind ist. Für den Elevationswinkel $\alpha_1$ der ersten Hauptkeule bekommt man durch einfache geometrische Überlegungen den Winkel aus Gl. (2.27).

$$\sin(\alpha_1) = \lambda/(4h_A) \tag{2.27}$$

Möchte man daher tieffliegende Objekte über Wasser orten, so ist bei großer Antennenhöhe die Wellenlänge möglichst klein zu wählen.

Für die Tiefe der Nullstellen des wirksamen Antennendiagramms ist der Reflexionsfaktor der Erd- oder Wasseroberfläche maßgebend, der nach Bild 2.14 von der Frequenz, der Polarisation und vom Einfallswinkel $\xi$ abhängig ist. Für die hier maßgebenden kleinen Einfallwinkel liegt dieser Reflexionsfaktor bei einem Phasenwinkel von 180° stets nahe bei 1, so daß mit Auslöschung gerechnet werden muß.

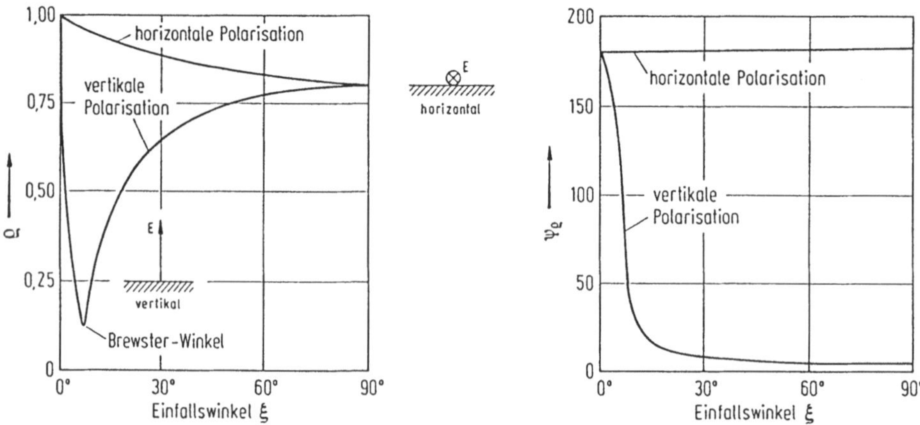


Bild 2.14. Reflexionsfaktor von Meerwasser bei 3GHz als Funktion des Einfallswinkels.
a) Betrag, b) Phase

# 2.6 Antennen

## 2.6.1 Grundlagen

Nach dem Huygensschen Prinzip kann nach Bild 2.15 jeder Punkt einer primären Feldverteilung auf einer geschlossenen Oberfläche, die die primären Quellen dieses Felds umschließt, als Erregungszentrum neuer äquivalenter Elementarwellen betrachtet werden. Im Außenraum erzeugen die äquivalenten Quellen wieder die gleiche Feldverteilung, die auch von den eigentlichen Quellen erzeugt wurde. Diese Ersatzquellen sind durch die tangentialen elektrischen und magnetischen Feldstärken auf dieser Oberfläche festgelegt. Mit dem Normalenvektor **n** im jeweiligen Oberflächenpunkt erhält man als Ersatzquellen einen elektrischen und einen magnetischen Oberflächenstrom, die durch Gl. (2.28) beschrieben werden.

$$\begin{aligned} \mathbf{I}_F &= [\mathbf{n} \times \mathbf{H}] \\ \mathbf{M}_F &= [\mathbf{E} \times \mathbf{n}] \end{aligned} \tag{2.28}$$

Die Bedeutung dieses Prinzips für die in der Radartechnik vorwiegend zur Anwendung kommenden flächenhaften Antennen liegt darin, daß bei Kenntnis oder näherungsweiser Kenntnis der Feldverteilung der primären Quellen, z.B. nach Bild 2.15 am Ende eines Speisehohlleiters, durch Berechnung des Strahlungsfeldes der Ersatzquellen die Feldverteilung im gesamten Raum wesentlich einfacher ermittelt werden kann. Auf diese Weise läßt sich das Strahlungsfeld vieler Aperturantennen wie z.B. das von Hornstrahlern oder Reflektorantennen berechnen.

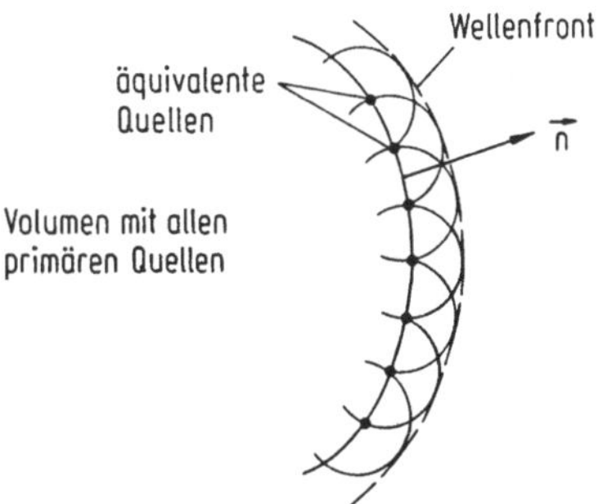


**Bild 2.15. Huygenssches Prinzip**

Der Weg der Berechnung nach dem Huygensschen Prinzip führt in diesen Fall von der näherungsweise bekannten Ersatzquellenverteilung über die Gln. (2.29) zu den zugeordneten vektoriellen Potentialen im Aufpunkt **r**.

$$\mathbf{A}(\mathbf{r}) = \int_F \mathbf{I}_F(\mathbf{r}')\, G(\mathbf{r},\mathbf{r}')\, dF'$$

$$\mathbf{F}(\mathbf{r}) = \int_F \mathbf{M}_F(\mathbf{r}')\, G(\mathbf{r},\mathbf{r}')\, dF' \qquad (2.29)$$

mit

$$G(\mathbf{r},\mathbf{r}') = \exp(-jk|\mathbf{r}-\mathbf{r}'|)/(4\pi|\mathbf{r}-\mathbf{r}'|)$$

Über die Gln. (2.30) können aus den beiden vektoriellen Potentialen die zugehörigen magnetischen bzw. elektrischen Feldstärken berechnet werden. Die jeweils fehlende Feldstärke erhält man dann über die Maxwellschen Gleichungen. Das Gesamtfeld entsteht durch Überlagerung der Anteile beider Potentiale. Eine ausführliche Beschreibung findet man in Lehrbüchern über elektromagnetische Wellen, z.B. in [2.4-2.5].

$$\mathbf{H}(\mathbf{r}) = \mathrm{rot}\ \mathbf{A}(\mathbf{r}) \qquad (2.30)$$
$$\mathbf{E}(\mathbf{r}) = \mathrm{rot}\ \mathbf{F}(\mathbf{r})$$

## 2.6.2 Berechnung des Fernfeldes einer ebenen Apertur

Der im vorangegangenen Abschnitt beschriebene Weg zur Berechnung des Strahlungsfeldes eines flächenhaften Strahlers soll am Beispiel einer Flächenstromverteilung mit rechteckförmiger Ausdehnung erläutert werden.

Die Flächenstromverteilung in der y-z-Ebene nach Bild 2.16 beinhaltet nur elektrische Ströme, die ausschließlich Komponenten in Richtung dieser Koordinatenachsen aufweisen.

$$\mathbf{I}_F = \begin{bmatrix} 0 \\ I_{Fy}(y,z) \\ I_{Fz}(y,z) \end{bmatrix} \qquad (2.31)$$

Das Vektorpotential **A** des Strahlungsfeldes weist daher ebenfalls nur eine y- und eine z-Komponente auf. Der Aufpunkt **r**, in dem das Strahlungsfeld ermittelt werden soll, läßt sich nach Gl. (2.32) durch Polarkoordinaten beschreiben.

$$\mathbf{r} = r \cdot \begin{bmatrix} \cos(\varphi)\ \sin(\theta) \\ \sin(\varphi)\ \sin(\theta) \\ \cos(\theta) \end{bmatrix} \tag{2.32}$$

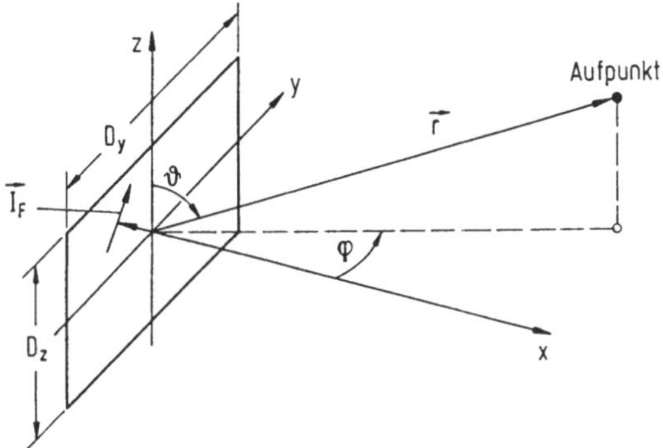


Bild 2.16. Flächenstrahler, Festlegung des Koordinatensystems

Für den Abstand zwischen Quellpunkt **r'** und Aufpunkt **r** wird die übliche Fernfeldnäherung eingeführt. Durch Reihenentwicklung erhält man Gl. (2.32).

$$|\mathbf{r}-\mathbf{r}'| \approx r - y'\sin(\varphi)\sin(\theta) - z'\cos(\theta) \tag{2.33}$$

Gl. (2.33) ist für den sog. Fernfeldbereich erfüllt. Im Fernfeldbereich ist der Fehler durch die Anwendung der Reihenentwicklung kleiner als $\lambda/16$. Für die Grenze dieses Bereichs gilt Gl. (2.34), in der die maximale Abmessung der strahlenden Apertur mit D bezeichnet wird.

$$r_{FA} = 2D^2/\lambda \tag{2.34}$$

Unter diesen Voraussetzungen wird das magnetische Vektorpotential des Strahlungsfeldes durch Gl. (2.35) beschrieben.

$$A\{\sin(\varphi)\sin(\theta),\cos(\theta)\} = \lambda^2 \cdot \exp(-jkr)/(4\pi r) \cdot \int_{\text{Apertur}} I_F(y'/\lambda, z'/\lambda) \cdot \exp(j2\pi\, y'/\lambda\, y/r) \cdot \exp(j2\pi\, z'/\lambda\, z/r)\, d(y'/\lambda)\, d(z'/\lambda) \quad (2.35)$$

Identifiziert man die Winkelkoordinaten des Aufpunktes nach Gl. (2.36) mit neuen Koordinaten t und die Aperturkoordinaten nach Gl. (2.37) durch Bezug auf die Wellenlänge mit neuen Koordinaten f, so läßt sich der Zusammenhang zwischen Aperturbelegung und Fernfelddiagramm wesentlich übersichtlicher darstellen.

$$t_y = y/r = \sin(\varphi)\sin(\theta) \qquad t_z = z/r = \cos(\theta) \quad (2.36)$$

$$f_y = y'/\lambda \qquad f_z = z'/\lambda \quad (2.37)$$

Die Flächenstromverteilung in der y-z-Ebene wird dazu als unendlich ausgedehnt betrachtet, die aber von Null verschiedene Werte nur im Bereich der tatsächlichen Apertur aufweist. In diesem Fall kann nach Gl. (2.38) die Beziehung zwischen Flächenstrombelegung und Strahlungsfeld als zweidimensionale inverse Fouriertransformation behandelt werden.

$$A(t_y, t_z) = \exp(-jkr)/(4\pi r) \cdot \lambda^2 \cdot FT^{-1}\{I_F(f_y, f_z)\} \quad (2.38)$$

Aus den Komponenten des vektoriellen Potentials kann im Fernfeld auf vereinfachte Weise das Strahlungsfeld in Polarkoordinaten nach den Gln. (2.39) erhalten werden.

$$A_\varphi = A_y \cdot \cos(\varphi) \qquad A_\theta = A_y \cdot \sin(\varphi)\cos(\theta) - A_z \cdot \sin(\theta)$$

$$H_\varphi = -jk \cdot A_\theta \qquad E_\theta = Z_{F0} \cdot H_\varphi$$

$$H_\theta = jk \cdot A_\varphi \qquad E_\varphi = -Z_{F0} \cdot H_\theta \quad (2.39)$$

Die Bedeutung von Gl. (2.38) ist darin zu sehen, daß bekannte Beziehungen aus der Theorie der Fouriertransformation zur vereinfachten und übersichtlichen Dimensionierung von Aperturantennen herangezogen werden können.

Als Beispiel werde dazu der in Bild 2.16 beschriebene Flächenstrahler betrachtet, auf dem aber zur weiteren Vereinfachung Ströme nur in z-Richtung mit im Bereich der Apertur konstanter Amplitude und Phase fließen sollen. Die Flächenstromverteilung läßt sich dann nach Gl. (2.40) durch eine zweidimensionale, rechteckförmige Verteilung beschreiben.

$$I_{Fz} = \begin{cases} I_0 & \text{für } |z| < D_z/2 \text{ und } |y| < D_y/2 \\ 0 & \text{sonst} \end{cases} \qquad (2.40)$$

Mit der Kenntnis, daß die Fouriertransformierte einer Rechteckfunktion nach Gl. (2.41) eine sin(x)/x-Funktion (si-Funktion) ist, läßt sich das Vektorpotential des Strahlungsfelds nach Gl. (2.42) angeben. Aus

$$\mathrm{rect}(f/D) \;\bullet\!\!-\!\!\circ\; D \cdot \mathrm{si}(\pi D t) \qquad (2.41)$$

folgt

$$A_z = I_0\, D_y\, D_z\, \exp(-jkr)/(4\pi r) \cdot$$
$$\cdot\; \mathrm{si}[\pi D_y/\lambda \,\sin(\varphi)\sin(\theta)] \cdot \mathrm{si}[\pi D_z/\lambda \,\cos(\theta)]. \qquad (2.42)$$

Für die Strahlungscharakteristik $F_R$ des ebenen Flächenstrahlers mit konstanter Strombelegung erhält man über die Gln. (2.39) das Ergebnis, das in Bild 2.17 dargestellt ist.

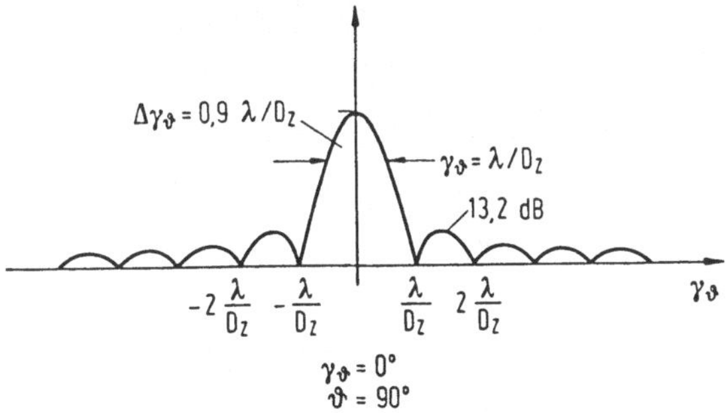


**Bild 2.17.** Strahlungscharakteristik eines ebenen Flächenstrahlers in der x-z-Ebene

$$F_R(\varphi,\theta) = \left|\sin(\theta)\; \mathrm{si}[\pi D_y/\lambda \,\sin(\varphi)\sin(\theta)] \cdot \mathrm{si}[\pi D_z/\lambda \,\cos(\theta)]\right| \qquad (2.43)$$

Aus der Richtcharakteristik ergeben sich die Halbwertsbreiten des Strahlungsdiagramms nach Gl. (2.44) für stark bündelnde Antennen:

$$\Delta\gamma_\theta = 51^0\ \lambda/D_z$$
$$\Delta\gamma_\varphi = 51^0\ \lambda/D_y. \tag{2.44}$$

Wie bereits in den Gln. (2.21) und (2.22) angegeben, hängt die Bündelung einer flächenhaften Antenne nur von ihren auf die Wellenlänge bezogenen Abmessungen ab. Für eine Anwendung als Radarantenne ist die hier behandelte Flächenantenne mit konstanter Belegung nicht sehr geeignet, weil nach Bild 2.17 die größten Nebenkeulenpegel nur 13.2 dB unter dem Hauptkeulenpegel liegen.

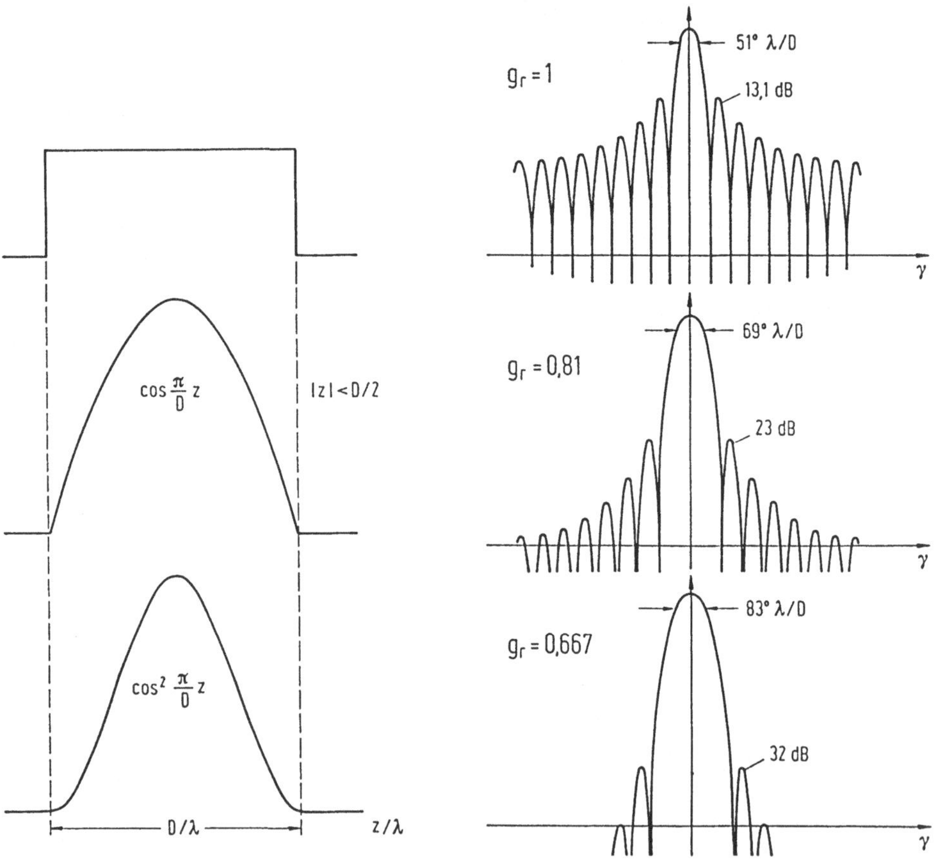


Bild 2.18. Strombelegungsfunktionen und Richtdiagramm für flächenhafte Antennen mit konstanter Phasenbelegung

Abhilfe schafft die Auswahl geeigneter Amplitudenbelegungsfunktionen, die niedrigere Nebenzipfelpegel liefern. Grundsätzlich wird dies durch zu den Antennenenden hin abklingende Strombelegungen erreicht. Der Preis für die niedrigeren Nebenmaximumspegel ist stets ein breiteres Antennendiagramm, das ebenfalls mit einem niedrigeren Antennengewinn verbunden ist. Einige häufig verwendete Strombelegungsfunktionen sind zusammen mit der erreichbaren Keulenbreite und dem auf die Rechteckverteilung bezogenen Gewinn in Bild 2.18 dargestellt. Antennen mit Nebenmaximumsdämpfungen größer 20 dB sind für die Radartechnik brauchbar. Auf derartige Antennen beziehen sich auch die in den Gln. (2.21) bis (2.24) angegebenen Formeln zur Abschätzung von Antennenbündelung und erreichbarem Winkelauflösungsvermögen. Niedrige Nebenmaximumspegel sind für die Störfestigkeit von Radarsystemen wichtig. Durch sorgfältige Kontrolle der Strombelegung erreicht man heute Werte, die besser als 35 dB sind.

## 2.6.3 Strahlungsfeld eines rechteckförmigen Hornstrahlers

Bei einem rechteckförmigen Hornstrahler nach Bild 2.19 kann man davon ausgehen, daß die Feldverteilung der $H_{10}$-Welle, die im Speisehohlleiter ausbreitungsfähig ist, näherungsweise auch im erweiterten Bereich erhalten bleibt. Damit ist die Feldverteilung im Bereich der Hornstrahleröffnung ebenfalls bekannt. Die äquivalenten elektrischen und magnetischen Ströme nach Gl. (2.28) haben daher in der H-Ebene des Hohlleiters eine cosinusförmige und in der E-Ebene eine rechteckförmige Amplitudenverteilung. Bei konstanter Phasenbelegung entsprechen die Strahlungsdiagramme des Hornstrahlers in den Hauptebenen denen dieser Verteilungen und können aus Bild 2.18 entnommen werden. Zur realistischen Beschreibung der Stromverteilung in der Aperturebene muß aber noch berücksichtigt werden, daß durch die endliche Länge L der Hohlleiteraufweitung eine sphärische Phasenbelegung entsteht, die sich ebenfalls auf das Diagramm auswirkt. Bild 2.19 zeigt den Einfluß der Krümmung der Phasenfront für die E- und die H-Ebene, die durch die Parameter s bzw. t nach Gl. (2.45) beschrieben werden:

$$s = b^2/(8\lambda \cdot L)$$
$$t = a^2/(8\lambda \cdot L) \; . \qquad (2.45)$$

s bzw. t geben die auftretende maximale Phasenabweichung bezogen auf eine Wellenlänge an. Durch die Krümmung der Wellenfront werden die Nullstellen des Richtdiagramms aufgefüllt, die Hauptkeulenbreite nimmt zu. Ausführliche Unterlagen zur Berechnung verschiedenster Hornstrahler befinden sich in [2.6-2.7].

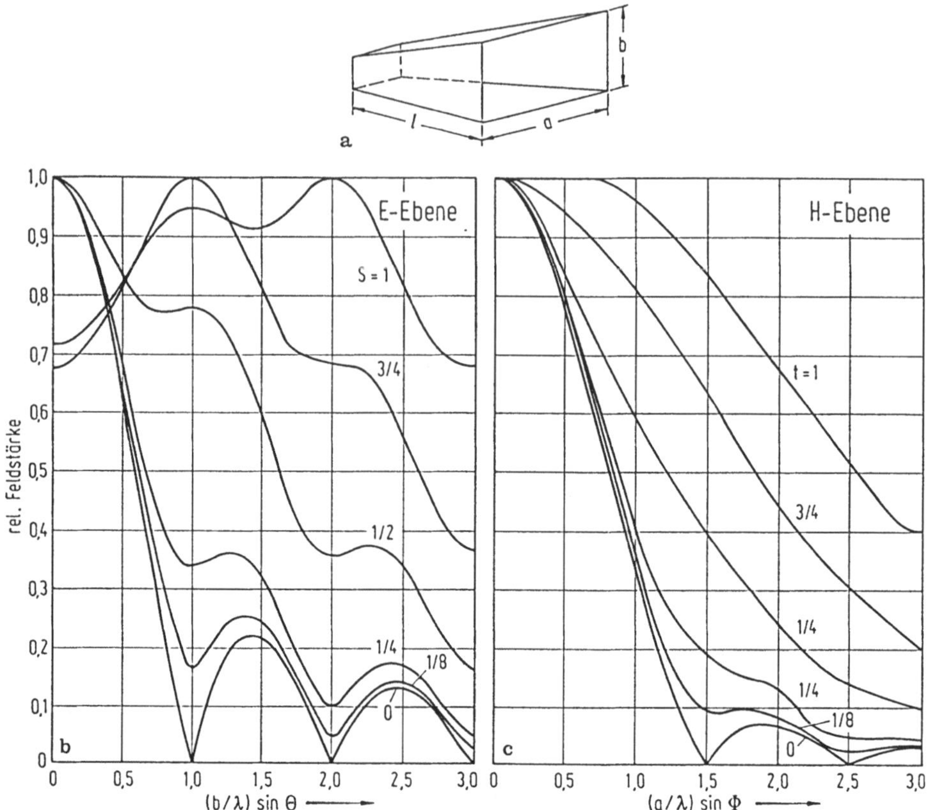


Bild 2.19. Richtcharakteristik eines Hornstrahlers mit rechteckförmiger Apertur.
a) Anordnung, b) E-Ebene, c) H-Ebene

## 2.6.4 Richtcharakteristik von Reflektorantennen

Als reflektierende Oberfläche werden vorwiegend Rotationsparaboloide verwendet, in deren Brennpunkt der Erreger oder Primärstrahler angeordnet ist. Die Berechnung des Strahlendiagramms erfolgt in der Weise, daß zunächst das Diagramm des Primärstrahlers ohne Reflektor ermittelt wird. Im Falle der Verwendung eines Hornstrahlers können dazu die Methoden des Abschn. 2.6.3 eingesetzt werden. Das aus diesen Berechnungen bekannte Feld des Primärstrahlers bildet dann die einfallende Welle mit der magnetischen Feldstärke $H_i$, die auf den Reflektor trifft. Die Stromverteilung auf der metallischen Reflektoroberfläche wird mit Hilfe der Kirchhoffschen Näherung *(physical optics)* nach Gl. (2.46) bestimmt.

$$I_F = 2\,[n \times H_i] \qquad (2.46)$$

Dabei wird im jeweils betrachteten Aufpunkt auf der Reflektoroberfläche nach Bild 2.20 diese durch eine gedachte unendlich ausgedehnte leitende Tangentialebene ersetzt, für die der in Gl. (2.46) angegebene Flächenstrom exakt ist. Das Strahlungsfeld der Reflektorantenne wird nun mit den Methoden des Abschn. 2.6.1 als Feld der in den freien Raum strahlenden Flächenstromverteilung bestimmt. Dieses Verfahren liefert im hauptkeulennahen Bereich gute Ergebnisse, sofern die Abmessungen des Reflektors groß gegen die Wellenlänge sind. Der Einfluß von Ecken und Kanten, der sich vorwiegend in den übrigen Winkelbereichen des Antennendiagramms bemerkbar macht, sowie Abschattungseffekte durch den Primärstrahler müssen gesondert berücksichtigt werden. Dazu kann die geometrische Beugungstheorie *(GTD = Geometrical Theory of Diffraction)* [2.8] wirkungsvoll eingesetzt werden.

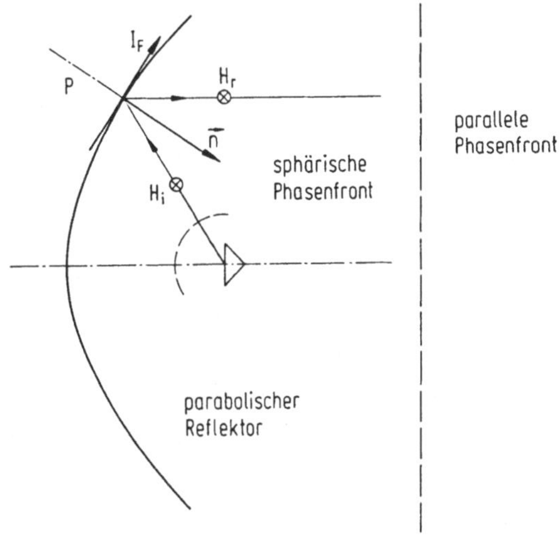


Bild 2.20. Berechnung des Strahlungsfeldes einer Reflektorantenne

## 2.6.5 Richtcharakteristik einer Schlitzantenne

Ein schmaler Schlitz ($d \ll \lambda$) in einer unendlich ausgedehnten metallischen Wand nach Bild 2.21, auf deren einer Seite eine elektromagnetische Welle vorhanden ist, strahlt nicht in die andere Halbebene ab, solange der Schlitz die Oberflächenströme nicht unterbricht. Ist der Schlitz dagegen so angeordnet, daß er die Ströme schneidet, so werden die Stromlinien im Schlitzbereich durch Verschiebungsströme fortgesetzt. Damit sind quer zum Schlitz elektrische Feldlinien vorhanden, die bei Betrachtung des Schlitzes und der leitenden Ebene als Apertur nach Abschn. 2.6.1 als flächenhafter Strahler aufgefaßt werden können. Auf der der Erregung abgewandten Seite sind nach dem Huygensschen Prinzip äquivalente magnetische Flächenströme im Schlitzbereich anzunehmen, die in Richtung des Schlitzes nach Gl. (2.28) fließen. Ein erregter Schlitz verhält sich daher wie ein magnetischer Dipol [2.9] und umgibt sich dual zum elektrischen Dipol mit konzentrischen elektrischen Feldlinien. Die von einem Schlitz abgestrahlte Welle ist daher senkrecht zur Schlitzrichtung polarisiert.

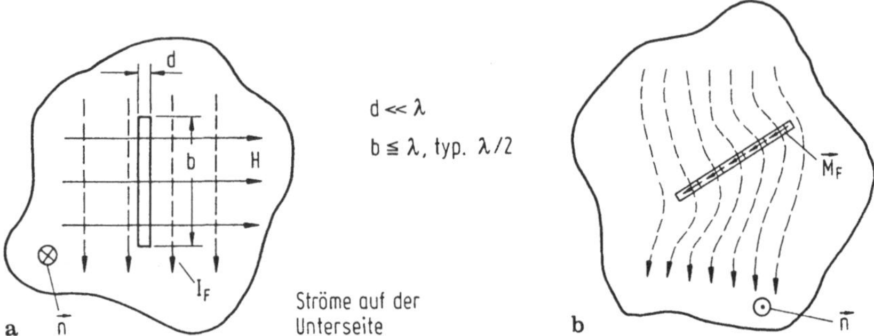


Bild 2.21. Schlitze in einer leitenden Ebene, a) Schlitz parallel zu den Oberflächenströmen, b) Schlitze schräg zu den Oberflächenströmen

Durch geeignete Anordnung von Schlitzen in einer leitenden Ebene und entsprechende Erregung lassen sich Gruppenantennen [2.10] aufbauen. In der Radartechnik wird vorwiegend die Hohlleiterschlitzantenne verwendet, bei der nach Bild 2.22 in der schmalen Hohlleiterseite im Abstand einer halben Wellenlänge Schlitze angebracht sind. Es handelt sich daher um eine linienförmige Anordnung von magnetischen Dipolen, die durch die unterschiedliche Neigung benachbarter Schlitze unter Berücksichtigung des Abstandes von einer halben Wellenlänge gleichphasig gespeist sind. Die y-Komponenten des Dipolmoments sind gleichgerichtet und bewirken eine in Hohlleiterlängsrichtung polarisierte Hauptkeule. Ihre Amplituden sind von der Schlitzneigung abhängig. Damit läßt sich über die Schlitzneigung die Amplitudenbelegung und damit der Nebenmaximumspegel auf einfache Weise einstellen. Die z-Komponenten des Dipolfeldes kompensieren sich paarweise in Hauptkeulenrichtung. Sie erzeugen jedoch unter großen Ablagewinkeln kreuzpolarisierte Nebenkeulen, die falls unerwünscht mit zusätzlichem Aufwand unterdrückt werden müssen. [2.11] gibt einen Überblick über weitere Möglichkeiten zur Anbringung von Schlitzen in Hohlleiterwänden.

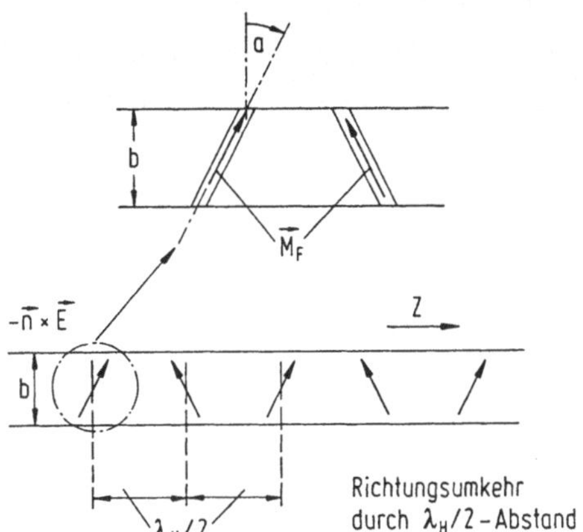


Bild 2.22. Schlitzantenne mit Schlitzen in der schmalen Hohlleiterseite

## 2.6.6 Elektronisch gesteuerte Gruppenantennen

Bei den in Abschn. 2.6.5 besprochenen Reflektorantennen, aber auch bei Linsenantennen, wird aus der vom Primärstrahler erzeugten sphärischen Wellenfront nach Bild 2.23 durch die Antenne eine möglichst ausgedehnte ebene Wellenfront erzeugt. Grundsätzlich kann man jede Antenne als Wellentypwandler betrachten, der die geführte Leitungswelle des Speisewellenleiters in eine ebene, sich im freien Raum ausbreitende Welle transformiert. Für die hier zu diskutierenden Gruppenantennen ist kennzeichnend, daß mit Hilfe einer Vielzahl von gleichen Einzelantennen versucht wird, den erwünschten ebenen Wellenfrontverlauf direkt zu erzeugen. Die in diesem Fall entstehende Antennenapertur ist dann zwar nicht kontinuierlich belegt. Es kann aber gezeigt werden, daß bei genügend dichter Lage der Einzelantennen die Richtcharakteristik der Gruppenantenne mit der einer kontinuierlich belegten Apertur übereinstimmt. Durch Speisung der Einzelantennen mit Signalen unterschiedlicher, auch elektronisch veränderlicher Phase entsteht die Möglichkeit, Wellenfronten mit einstellbarer Richtung zu erzeugen und damit trägheitslos schwenkbare Richtantennen hoher Bündelung zu erstellen.

Die Bedeutung dieser phasengesteuerten Gruppenantennen für die Radartechnik liegt in ihrer Fähigkeit, trägheitslos in Azimut und Elevation zu schwenken und damit die mechanisch bedingte Schwerfälligkeit üblicher Drehantennen zu überwinden. Auf diese Weise können mehrere Aufgaben in unterschiedlichen Raumbereichen scheinbar gleichzeitig durchgeführt werden. Die Häufigkeit der Durchführung einzelner Aufgaben wie Suchen, Verfolgen usw. und der zeitliche Aufwand dafür kann an die Erfordernisse der Signalverarbeitung und an die Aufgabenstellung des Radarsystems angepaßt werden. Von Nachteil sind die enormen Kosten, sowie der beschränkte Winkelbereich von maximal ±60°, der von einer Antenne abgedeckt werden kann.

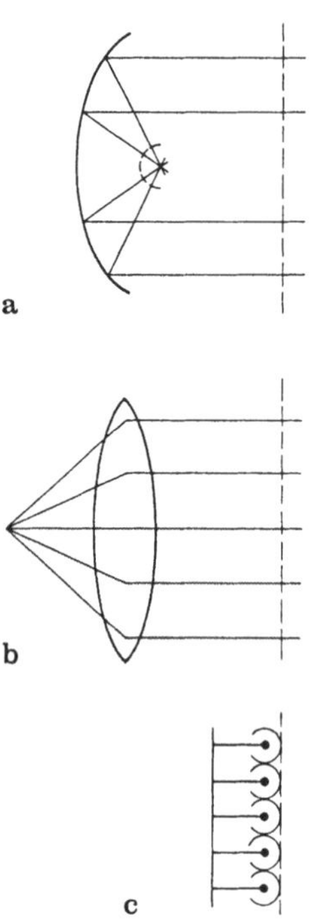


Bild 2.23. Richtantennen als Wellentypwandler. a) Reflektorantenne, b) Linsenantenne, c) mit Einzelstrahlern belegte Apertur

Zur Erzeugung einer Wellenfront, die nach Bild 2.24 gegenüber der Aperturebene um den Winkel $\varphi$ geneigt ist, werden die N Einzelstrahler mit der Amplitude $I_i$ und der Phase $\psi_i$ nach Gl. (2.47) gespeist.

$$I_i = I_0 \cdot \exp(j\psi_i) \tag{2.47}$$

Unter Berücksichtigung der Wegdifferenz $\Delta r_i$ zu einem unendlich fernen Aufpunkt ergibt sich die elektrische Feldstärke im Fernfeld aus Gl. (2.48), wenn man isotrope Kugelstrahler gleicher Amplitude voraussetzt und alle ausbreitungsabhängigen Faktoren im Faktor K zusammenfaßt.

$$E_\theta = K \cdot I_0 \cdot \sum_{i=0}^{N-1} \exp\{j[\psi_i - 2\pi/\lambda \cdot id \cdot \sin(\varphi)]\} \tag{2.48}$$

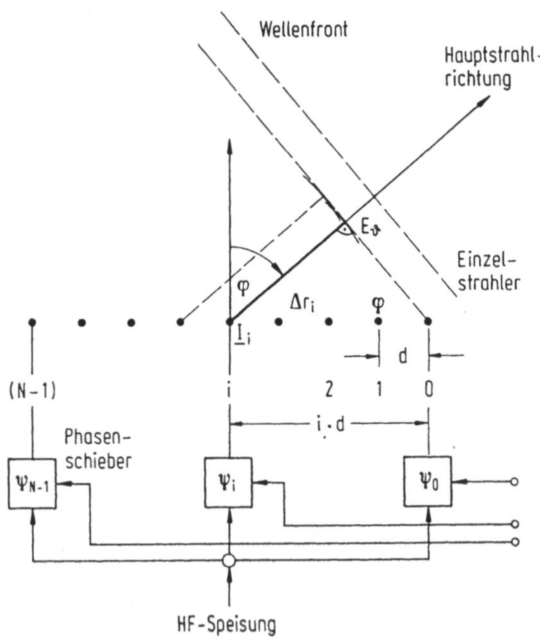


**Bild 2.24 Phasengesteuerte Gruppenantenne (eindimensional), Aufbau und Bezeichnungen.**

Maximale Feldstärke und damit die Hauptstrahlungsrichtung $\varphi_{max}$ ergibt sich, wenn die Beiträge aller Einzelstrahler gleiche Amplitude und Phase aufweisen, d.h. für die Einstellung der einzelnen Phasenschieber Gl. (2.49) erfüllt ist.

$$\psi_i = 2\pi/\lambda \cdot id \cdot \sin(\varphi_{max}) \tag{2.49}$$

Als Strahlungsdiagramm ergibt sich Gl. (2.50), wenn die Phasenschieber nach Gl. (2.49) eingestellt sind.

$$E_\theta = K \cdot I_0 \cdot \sum_{i=0}^{N-1} \cdot \exp\{j2\pi/\lambda \cdot id \cdot [\sin(\varphi_{max}) - \sin(\varphi)]\} \tag{2.50}$$

Gl. (2.50) kann als endliche geometrische Reihe aufgefaßt werden, deren Summe geschlossen dargestellt werden kann. Der Betrag ergibt sich aus Gl. (2.51).

$$E_\theta = K \cdot I_0 \cdot N \cdot \frac{\sin\{\pi N d/\lambda \cdot [\sin(\varphi_{max}) - \sin(\varphi)]\}}{N \sin\{\pi d/\lambda \cdot [\sin(\varphi_{max}) - \sin(\varphi)]\}} \tag{2.51}$$

Die aus Gl. (2.51) zu ermittelnde Richtcharakteristik ist prinzipiell wieder die inverse Fouriertransformierte der jetzt diskreten Belegungsfunktion längs der linearen Apertur. Im Grenzfall ergibt sich für $N \cdot d = D$ und $N \to \infty$ wieder die sin(x)/x-Verteilung der kontinuierlich belegten Apertur. Die Gesamtrichtcharakteristik bei Verwendung nichtisotroper Einzelstrahler ergibt sich aus dem Produkt der Gruppencharakteristik nach Gl. (2.51) mit der Richtcharakteristik der Einzelstrahler [2.12]. Zur Vermeidung einer Aufzipfelung der Richtcharakteristik ist bei äquidistanter Anordnung der Einzelstrahler ihr Abstand d genügend klein, meist in der Größenordnung einer halben Wellenlänge zu wählen. Bei statistischer Anordnung der Einzelstrahler können größere Abstände gewählt werden. Damit läßt sich die Zahl der Strahler verringern. Der Preis dafür ist ein Anwachsen der Nebenmaximumspegel, die sorgfältig abgeschätzt werden müssen [2.13].

Elektronische gesteuerte Gruppenantennen gibt es getrennt als Sende- und Empfangsarrays, z.B. [2.14]. Dies ermöglicht eine verteilte Leistungserzeugung, z.B. mit Endverstärkern, die jedem Einzelstrahler vorgeschaltet sind. Beim Empfangsarray kann die phasenmäßige Aufbereitung der Empfangssignale auch erst in der Zwischenfrequenzebene und damit verlustfreier und bei geringerem Aufwand erfolgen. In diesem Fall ist aber eine entsprechende Zahl von Empfangsmischern erforderlich. Bei der Vielzahl der erforderlichen gleichen Einzelelemente kann der Einsatz von monolithischen integrierten Mikrowellenbausteinen (MMIC) wirtschaftlich werden. In der Praxis gibt es auch die Kombination der mechanisch drehbaren Antenne zur Azimutschwenkung mit einer elektronischen Schwenkung in der Elevationsebene.

Schlüsselbausteine sind die elektronisch steuerbaren Phasenschieber, die unter Verwendung von Ferriten oder Halbleitern [2.15] aufgebaut werden. Es handelt sich dabei ausschließlich um digital einstellbare Phasenschieber, die eine Phasenverschiebung nur in diskreten Schritten zulassen. Der dadurch auftretende Quantisierungsfehler führt bei der Gruppenantenne zu einem Ansteigen des effektiven Nebenmaximumspegels. Ein P-Bit-Phasenschieber, der also eine Phaseneinstellung in Inkrementen $\Delta\psi_i$ nach Gl. (2.52) ermöglicht, hat einen von der Gesamtzahl N der Einzelstrahler nach Bild 2.25 abhängigen Nebenmaximumspegel.

$$\Delta\psi_i = 360°/2^P \tag{2.52}$$

Eine Weiterentwicklung der phasengesteuerten Gruppenantenne führt zur adaptiven Gruppenantenne, die durch Einstellung von Amplitude und Phase der Einzelstrahler in der Lage ist, bei vorgegebener Hauptkeulenrichtung das Signal-Stör-Verhältnis zu maximieren und damit unerwünschte Störquellen außerhalb der Hauptkeule auszublenden.

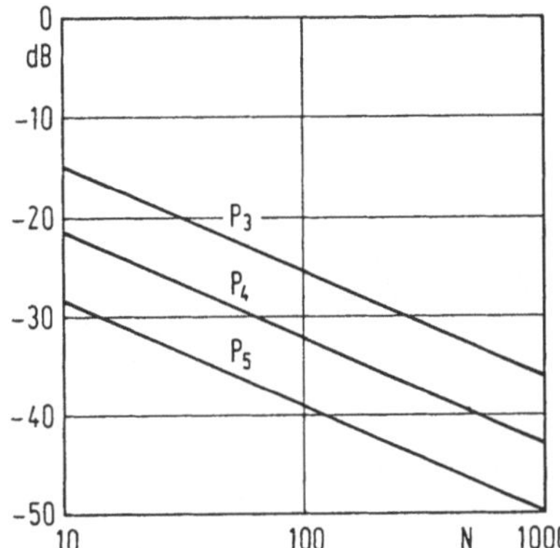


Bild 2.25. Effektiver Nebenmaximumspegel für eine phasengesteuerte Gruppenantenne mit N Elementen.

## 2.7 Radarrückstreufläche

### 2.7.1 Definition

Die Definition der Radarrückstreufläche kann nach Gl. (2.53) aus der auf ein Objekt einfallenden Leistungsdichte p und der äquivalenten Strahlungsleistung nach Bild 2.26 erfolgen, die durch Rückrechnung über Gl. (2.4) aus der Leistungsdichte $p_e$ am Ort des Empfängers ermittelt werden kann. Dabei ist vorausgesetzt, daß sich der Empfänger im Fernfeldbereich des Streufeldes befindet. Gl. (2.53) stellt den Bezug zu den Feldstärken der einfallenden (Index i) und der gestreuten (Index s) Welle her, die bei feldtheoretischen Berechnungen anfallen.

$$\sigma = \lim_{r \to \infty} 4\pi r^2 \, p_e/p = \lim_{r \to \infty} 4\pi r^2 \, |H_s|^2/|H_i|^2 \tag{2.53}$$

Die Rückstreufläche ist vom Aspektwinkel, von Frequenz und Polarisation abhängig. Beim Radar mit getrennten Sende- und Empfangsorten (bi- oder multistatisches

Radar) tritt an die Stelle der Rückstreufläche unter Beibehaltung der Definition nach Gl. (2.53) die Streufläche. Für Körper, die den wesentlichen Teil der auf sie einfallenden Energie gebündelt in Richtung des Empfängers reflektieren, ist die Rückstreufläche für diesen Aspektwinkel wesentlich größer als die geometrische Projektionsfläche. Körper, die die einfallende Energie annähernd isotrop auf alle Richtungen des Raumes verteilen, besitzen eine Rückstreufläche in der Größenordnung ihrer geometrischen Projektionsfläche. Einen Überblick über die Rückstreuflächen einfacher Körper gibt Tab. 2.1.

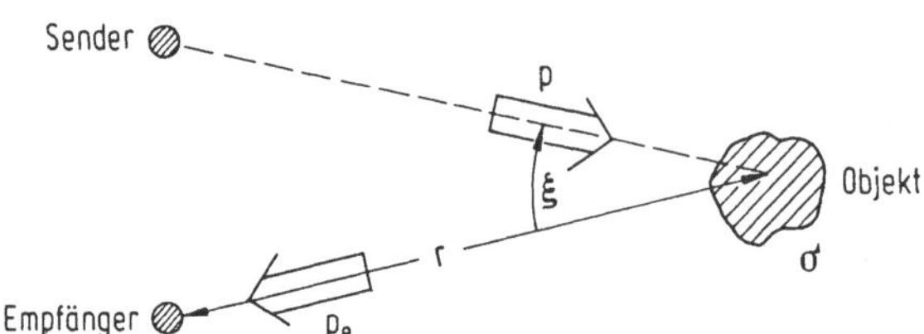


Bild 2.26. Zur Definition der Radarrückstreufläche

## 2.7.2 Rückstreuflächen einfacher Körper

Kugel

Die leitende Kugel ist der einzige Körper, für den sich die Rückstreufläche für alle Frequenzen exakt ermitteln läßt [2.16]. Ihr Verlauf ist in Bild 2.27 dargestellt. Man kann drei Frequenzbereiche unterscheiden. Bei Kugelradien r, die klein gegen die Wellenlänge sind (Rayleigh-Bereich), wächst der Rückstrahlquerschnitt mit der vierten Potenz der Frequenz. Regentropfen und andere Hydrometeore sind Beispiele für derartige Körper. Im Mie-Bereich führt die Interferenz zwischen der vom Spiegelpunkt reflektierten Welle und der um die Kugel laufenden Kriechwelle zu resonanzartigen Überhöhungen. Kugeln, die groß gegen die Wellenlänge sind, besitzen eine frequenzunabhängige Rückstreufläche, die gleich der Projektionsfläche ist. Es gilt für $r \gg \lambda$:

$$\sigma = \pi r^2. \tag{2.54}$$

Aus Laufzeituntersuchungen ist dabei zu entnehmen, daß im hochfrequenten Fall der Beitrag ausschließlich vom Spiegelpunkt der Kugel stammt. Die Größe der Projektionsfläche spielt dabei vom physikalischen Wirkungsmechanismus her keine Rolle.

*Tabelle 2.1: Rückstreuflächen wichtiger Objekte*

| Objekt | Abmessungen | Bemerkung | Rückstreufläche |
|---|---|---|---|
| Kugel | $2\pi r/\lambda > 1$<br>r: Radius | leitend | $\sigma = r^2\pi$ |
| | | dielektr.<br>$m = \sqrt{\epsilon_r \mu_r}$ | $\sigma = \left\vert \frac{m-1}{m+1} \right\vert^2 \cdot r^2\pi$ |
| | $2\pi r/\lambda < 1$ | leitend | $\sigma = 9 \cdot (2\pi r/\lambda)^4 \cdot r^2\pi$ |
| | | diel. | $\sigma = \left\vert \frac{m^2-1}{m^2+1} \right\vert^2 \cdot (2\pi r/\lambda)^4 \cdot r^2\pi$ |
| Winkelspiegel | $l > \lambda$ | l: Kantenlänge | $\sigma = \pi l^4/(3\lambda)^2$ |
| Spiegelpkt. auf doppelt gekrümmter Oberfläche | | $\rho_1, \rho_2$: Hauptkrümmungsradien | $\sigma = \rho_1 \rho_2 \pi$ |
| Ebene Platte | A: Fläche | leitend | $\sigma = 4\pi A^2/\lambda^2$ |

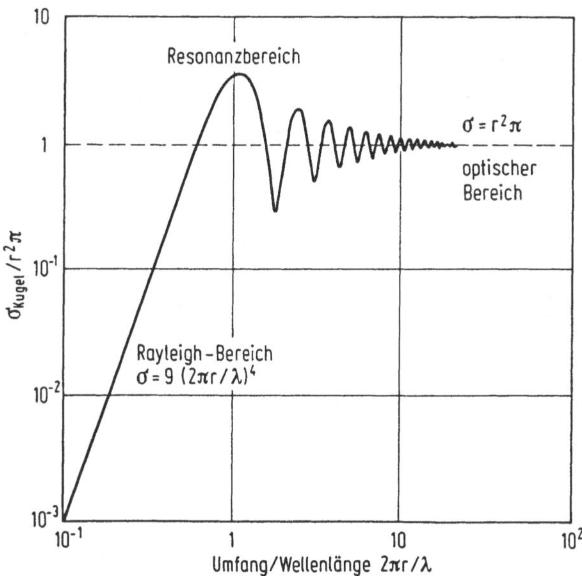


**Bild 2.27. Rückstreufläche der metallischen Kugel**

Körper mit mehreren Spiegelpunkten

Vielmehr kann man unabhängig von der Form des Körpers jedem Spiegelpunkt eine Rückstreufläche zuordnen, die in Analogie zu Gl. (2.54) durch

$$\sigma = \pi r_1 r_2 \tag{2.55}$$

gegeben ist. $r_1$ und $r_2$ sind dabei die Hauptkrümmungsradien des einzelnen Spiegelpunktes. Vorausetzung für die Gültigkeit dieser Überlagerung ist wieder, daß die Abmessungen des Körpers und alle auftretenden Krümmungsradien groß gegen die Wellenlänge sind.

Bei derartigen Körpern mit komplizierterem Aufbau können daher die Beiträge der vorhandenen Spiegelpunkte durch Gl. (2.55) beschrieben werden. Zur Ermittlung des gesamtem Rückstreufeldes müssen die einzelnen Amplituden unter Berücksichtigung des Entfernungsunterschiedes phasenrichtig überlagert werden. Durch Interferenz zwischen Spiegelpunkten gleicher Amplitude kann ein Streukörper resultierende Rückstreuflächen unterschiedlichster Größe zeigen, die sich bereits bei geringfügigen Aspektwinkeländerungen erheblich verändern. Aus diesem Grunde haben große Körper mit vielen Spiegelpunkten sehr stark vom Aspektwinkel abhängige Rückstreuflächen, die um mehr als 40 dB schwanken können. Dies macht z.B. bei Flugzeugen, bei denen sich aufgrund von Turbulenzen der Aspektwinkel ständig ändert, die statistische Behandlung der Amplitudenverteilungen der ankommenden Signale erforderlich.

Ebene Platte

Das Streufeld einer ebenen, gut leitenden Platte kann bei senkrechtem Einfall auf einfache Weise ermittelt werden. Nach der Kirchhoffschen Näherung (Gl. 2.46) fließt auf der beleuchteten Seite der Platte ein Flächenstrom

$$I_F = 2 \cdot H_i$$

mit konstanter Amplitude und Phase. Das rückgestreute Feld ist das Strahlungsfeld dieser ebenen Stromverteilung, das nach Abschn. 2.6.2 ermittelt werden kann. Die magnetische Feldstärke des Streufeldes berechnet man mit den Gln. (2.42) und (2.39). Man erhält für senkrechte Reflexion an einer rechteckförmigen Platte mit den Kantenlängen a und b

$$H_s = jk \cdot A_z = \\ = jk \cdot \exp(-jkr)/(4\pi r) \cdot 2H_i \cdot ab.$$

Aus Gl. (2.53) folgt der Wert der Rückstreufläche

$$\sigma = 4\pi \cdot a^2 b^2/\lambda^2. \qquad (2.56)$$

Mit der Fläche A der metallischen Platte gilt Gl. (2.57)

$$\sigma = 4\pi \cdot A^2/\lambda^2. \qquad (2.57)$$

Gl. (2.56) ist näherungsweise für die Rückstreufläche ebener Platten mit beliebig geformter Umrandung gültig. Die Radarrückstreufläche, die wesentlich größer als die geometrische Fläche sein kann, gilt nur bei exakt senkrechtem Einfall. Ihre Winkelabhängigkeit ist in Analogie zum ebenen Flächenstrahler ebenfalls durch eine sin(x)/x-Funktion gegebenen, die umso schmaler ist, je größer die Abmessungen der Platte bezogen auf die Wellenlänge sind.

Winkelspiegel

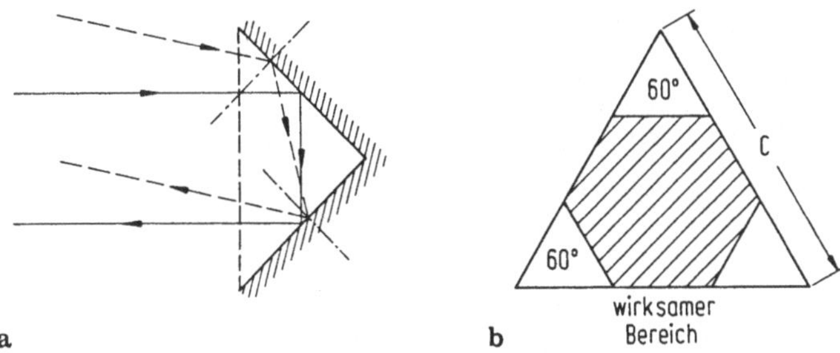


Bild 2.28. Winkelspiegel. a) Reflexionsvorgang, b) wirksamer Bereich.

Ein Winkelspiegel *(corner reflector)* besitzt nach Bild 2.28 die Eigenschaft, ankommende Wellenfronten in die Richtung zu reflektieren, aus der die einfallende Welle eingetroffen ist. Ein derartiger Winkelspiegel weist daher für einen Einfallswinkelbereich von etwa 35° eine große, winkelunabhängige Rückstreufläche nach Gl. (2.58) auf. Bei einem Winkelspiegel mit drei aufeinander senkrecht stehenden leitenden Ebenen wird im Bereich der in Bild 2.28 schraffierten Fläche

$$A = c^2/\sqrt{12} \qquad (2.58)$$

die ankommende Energie wieder zum Sender reflektiert. Die Rückstreufläche läßt sich daher nach Gl. (2.57) berechnen und man erhält den in Tab 2.1 angegebenen Wert.

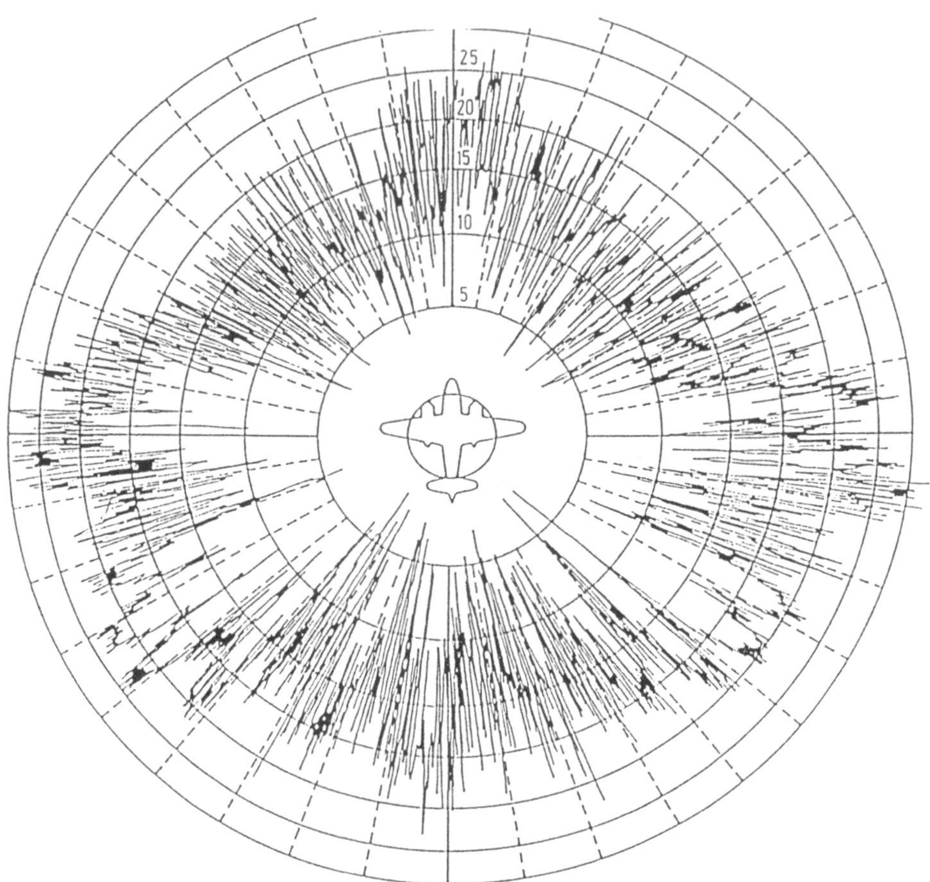


Bild 2.29. Radarrückstreufläche eines B26-Bombers bei 3GHz (aus Skolnik, M.: Introduction to Radar Systems)

### 2.7.3 Rückstreuflächen allgemeiner Körper

Die Rückstreuflächen allgemeiner Körper, die in ihren Abmessungen groß gegen die Wellenlänge sind, lassen sich mit Hilfe numerischer Methoden, die den gesamten Oberflächenverlauf berücksichtigen, kaum mehr berechnen, weil der Aufwand an Rechenzeit und Speicherplatz zu groß wird. Man ermittelt in diesem Fall für die zu betrachtende Einfallsrichtung die Spiegelpunkte sowie Ecken, Kanten und Signalwege mit mehrfacher Reflexion, deren Beiträge zum Streufeld nach der geometrischen Beugungstheorie [2.17] erfaßt werden können, und überlagert sie phasenrichtig zum Gesamtstreufeld.

Die Runddiagramme der Rückstreuflächen komplizierter Körper sind in der Regel stark aufgezipfelt. Die phasenrichtige Überlagerung der Beiträge der einzelnen Streuzentren führt aspektwinkelabhängig zu Gesamtamplituden, deren Schwankungsbreite 40 dB und mehr betragen kann. Bild 2.29 zeigt dies am Beispiel eines Flugzeuges.

## 2.7.4 Radarstreumatrix

Die Radarrückstreufläche beschreibt das Reflexionsverhalten eines Körpers unvollständig, weil der Einfluß der Polarisation nicht berücksichtigt wird. Eine vollständige Beschreibung wird mit Hilfe der Radarstreumatrix nach Gl. (2.59) erreicht, die das Rückstreuverhalten für zwei orthogonale Polarisationen sowie zusätzlich die zur jeweiligen Sendepolarisation kreuzpolarisierten Komponenten des Rückstreufeldes enthält.

$$(\sigma) = \begin{bmatrix} \rho_{ii} & \rho_{ik} \\ \rho_{ki} & \rho_{kk} \end{bmatrix} \qquad (2.59)$$

Der erste Index betrifft dabei jeweils die Sendepolarisation, der zweite die Polarisation des Empfangssignals. Die Komponenten der Streumatrix sind zur Wurzel aus den Rückstreuflächen, also zu den Streufeldstärken, proportional und beinhalten relativ zueinander die Phaseninformation. Es kann gezeigt werden, daß durch diese Streumatrix das Rückstreuverhalten eines Körpers für eine Richtung vollständig beschrieben werden kann. Hat man diese Streumatrix für zwei orthogonale Polarisationen (z.B. horizontal und vertikal linear) gemessen, so kann aus dem Meßergebnis die Streumatrix für zwei beliebige andere orthogonale Polarisationen (z.B. links- und rechtsdrehend zirkular) ermittelt werden.

Das Interesse an der Auswertung der Polarisationsinformation in neuerer Zeit rührt daher, daß erstens Radarsysteme erstellt werden können, die mit ausreichender Qualität eine Messung der gesamten Streumatrix gestatten, und zweitens gezeigt werden kann, daß bei Auswertung der gesamten Streumatrix zusätzliche Informationen über das erfaßte Objekt abgeleitet werden können [2.18]. Inwieweit der zusätzliche Aufwand den Gewinn an Information rechtfertigt, ist heute noch unklar. Beschränkt man sich auf die Erfassung der Hauptdiagonalelemente (Messung der kopolaren Feldstärken für zwei orthogonale Polarisationen), so ist bei wesentlich geringeren Anforderungen an die Polarisationsentkopplung z.B. bereits feststellbar, ob eine reflektiertes Signal über eine einfache oder doppelte Reflexion zum Empfänger gelangt ist.

## 2.8 Detektionsvorgänge

Vor der Ermittlung der Objektparameter wie Position und Geschwindigkeit ist zunächst die Entdeckung des Objektes notwendig. Dabei handelt es sich um das Problem, aufgrund des Empfängerausgangssignals zu entscheiden, ob dieses tatsächlich durch einen Empfangsimpuls oder durch die Empfindlichkeit begrenzende Rausch- oder Störsignale hervorgerufen wurde. Da es sich bei den Rausch- und Störsignalen meist um zufällige oder zufallsähnliche Prozesse handelt, sind diese mit den Methoden der statistischen Nachrichtentheorie, z.B. [2.19], zu beschreiben.

### 2.8.1 Wahrscheinlichkeitsdichten

Ein breitbandiges Rauschsignal mit konstanter spektraler Dichte (Gaußsches oder weißes Rauschen) besitzt eine gaußförmige Wahrscheinlichkeitsdichte p. Die Wahrscheinlichkeit w, daß das momentan feststellbare Rauschsignal $u_R$ zwischen dem Signalwert u und dem Signalwert u + du liegt, wird durch die in Gl. (2.60) dargestellte Gaußsche Fehlerfunktion beschrieben. p wird allgemein als Wahrscheinlichkeitsdichte bezeichnet und kennzeichnet auch die Wahrscheinlichkeit, mit der Abtastwerte des Signals im Intervall zwischen u und u + du auftreten.

$$w(u \leq u_R < u+du) = p(u)du = 1/\sqrt{2\pi N} \cdot \exp\{-u^2/(2N)\}\, du \tag{2.60}$$

$u_R(t)$ : momentane Rauschspannung
$w$ : Wahrscheinlichkeit
$u$ : Pegel
$du$ : infinitesimales Pegelelement

$$N : \text{Rauschleistung an } 1\Omega; \qquad N = \lim_{T \to \infty} 1/T \cdot \int_T n^2(t)\, dt = u^2_{effR}$$

Der Betrag

$$B_n(t) = \sqrt{u_{RR}{}^2 + u_{RI}{}^2}$$

eines komplexen Rauschsignals $u_{RR}+ju_{RI}$, das entsteht, wenn man einen komplexen Mischer verwendet, besitzt eine Wahrscheinlichkeitsdichte nach Gl. (2.61).

$$p(U) = U/N \cdot \exp\{-U^2/(2N)\} \qquad (2.61)$$

U : Betragspegel

Im Falle der Aufspaltung des Empfangssignals in ein Real- und ein Imaginärteilsignal ist diesen jeweils die Rauschleistung N/2 zuzuordnen. Die zugehörige momentane Rauschleistung $\psi$ wird durch die Wahrscheinlichkeitsdichte

$$p(\psi) = 1/N \cdot \exp(-\psi/N) \qquad (2.62)$$

$\psi$ : Pegel der momentanen Rauschleistung

beschrieben. Diese Wahrscheinlichkeitsdichten sind in Bild 2.30 dargestellt.

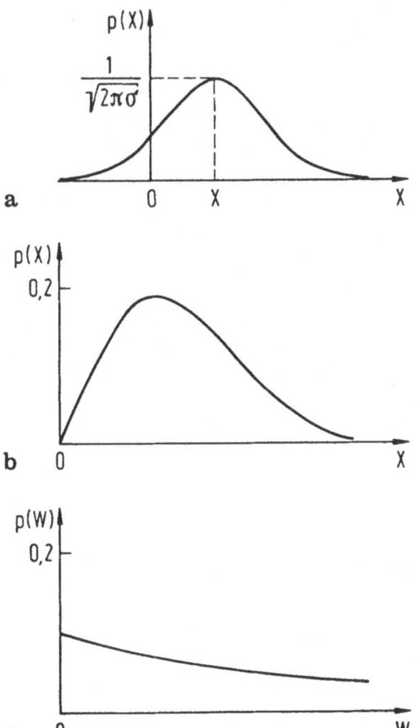


Bild 2.30. Wahrscheinlichkeitsdichten wichtiger Zufallsverteilungen.

a) Gaußverteilung, b) Rayleighverteilung für Amplituden, c) Rayleighverteilung für Leistungen

### 2.8.2 Detektion von Radarsignalen

In einer Anordnung zur Detektion der Amplitude eines schmalbandigen Zwischenfrequenzsignals bzw. zur Ermittlung des Betrags eines komplexen Empfangssignals nach Bild 2.31 besitzt das Rauschsignal nach dem Zwischenfrequenzverstärker eine Amplitudenverteilung nach Gl. (2.60). Am Ausgang der Schaltung steht dann die Betrags- oder Amplitudeninformation zur Verfügung. Dieses Ausgangssignal wird mit einem geeignet zu wählenden Schwellwert $U_S$ verglichen. Überschreitet das Ausgangssignal diesen Schwellwert, ohne daß tatsächlich ein Empfangssignal vorhanden ist, so liegt ein Falschalarm vor. Die Wahrscheinlichkeit eines Falschalarms $w_{fa}$ ist gegeben durch die Wahrscheinlichkeit, mit der ohne Empfangssignal der Schwellwert überschritten wird.

$$w_{fa} = w(U_S \leq U < \infty) = \int_{U_S}^{\infty} U/u^2_{effR} \cdot \exp\{-U^2/(2u^2_{effR})\}dU =$$
$$= \exp\{-U_S^2/(2u^2_{effR})\} \qquad (2.63)$$

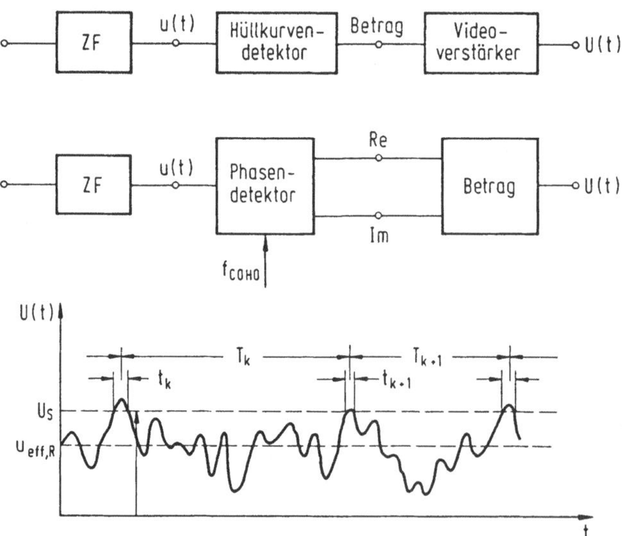


Bild 2.31. Prinzipielle Schaltungen zur Detektion von Radarsignalen und Signalverlauf

Für die Beurteilung der Beanspruchung eines Radarbeobachters ist die mittlere Zeit $T_{fa}$ zwischen zwei Falschalarmen wichtig. Mit den Bezeichnungen aus Bild 2.31 ergibt Gl. (2.64) die mittlere Dauer einer Rauschspitze $t_r$, die nur von der Zwischenfrequenzbandbreite $B_{ZF}$ abhängig ist.

$$t_r = 1/B_{ZF} \tag{2.64}$$

Nachdem die Falschalarmwahrscheinlichkeit auch das zeitliche Verhältnis von $t_r$ und $T_{fa}$ kennzeichnet, kann durch die Gln. (2.63) und (2.64) eine Beziehung zwischen der mittleren Zeit zwischen zwei Falschalarmen und dem Schwellwert $U_S$ hergestellt werden.

$$T_{fa} = 1/B_{ZF} \cdot \exp\{U_S^2/(2u^2_{effR})\} \tag{2.65}$$

In Bild 2.32 ist dieser Zusammenhang als Funktion des Verhältnisses von Schwellwert zu Effektivwert der Rauschspannung dargestellt. Den Kehrwert $1/T_{fa}$ bezeichnet man als Falschmelderate.

Man erkennt, daß bei üblichen Bandbreiten der Schwellwert mindestens 13 dB über den Effektivwert der Rauschspannung gelegt werden muß, um zu erträglichen Falschmelderaten zu kommen. Außerdem ist ersichtlich, daß geringfügige Änderungen des Rauschpegels bereits zu erheblichen Änderungen der Falschmelderate führen. Aus diesem Grund werden in der Praxis Schaltungen verwendet, die aufgrund einer Messung des Signal- zu Rauschverhältnisses die Falschmelderate konstant halten (*CFAR*-Schaltung = *constant false-alarm rate).*

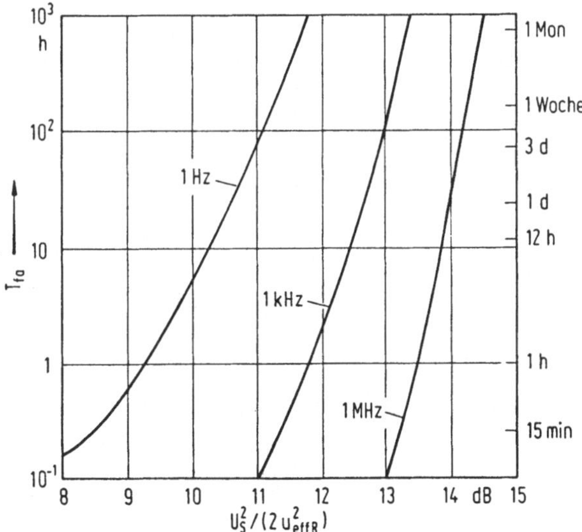


**Bild 2.32. Mittlere Zeit zwischen zwei Falschalarmen als Funktion des Schwellwerts $U_S$ und der effektiven Rauschspannung**

Während die Falschalarm- oder Falschmeldewahrscheinlichkeit das Verhalten des Radarempfängers kennzeichnet, wenn kein Objekt vorhanden ist, gibt die Entdeckungswahrscheinlichkeit an, mit welcher Wahrscheinlichkeit ein Objekt unter der Voraussetzung gemeldet wird, daß ein Objekt vorhanden ist. In diesem Fall geht man davon aus, daß am Eingang des Empfängers sowohl ein Nutz- als auch ein Rauschsignal vorhanden ist. In diesem Fall ergibt sich Gl. (2.66) für die Wahrscheinlichkeitsdichte der Amplitude U am Ausgang des Detektors

$$p(U) = U/u^2_{effR} \cdot \exp\{-(U^2+U^2_{ZF})/(2u^2_{effR})\} \cdot I_0(U \cdot U_{ZF}/u^2_{effR}) . \tag{2.66}$$

Dabei ist $I_0$ die modifizierte Besselfunktion der Ordnung Null, die sich für kleine Argumente durch die folgende Reihenentwicklung darstellen läßt:

$$I_0(x) = 1 + x^2/4 + x^4/64 + \ldots$$

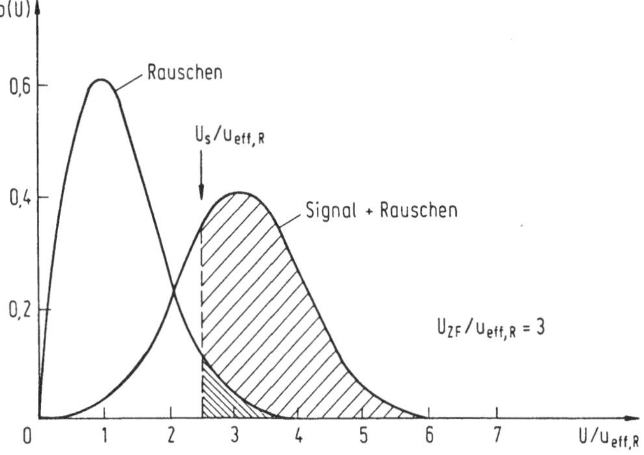


Bild 2.33. Wahrscheinlichkeitsdichten für die Amplituden des Detektorausgangssignals

In Bild 2.33 ist diese Wahrscheinlichkeitsdichte für ein bestimmtes Verhältnis von Signal- zu Rauschspannung dargestellt. Die Wahrscheinlichkeit, daß das Ausgangssignal den Schwellwert $U_S$ überschreitet, bezeichnet man als Entdeckungswahrscheinlichkeit $w_d$. Es ist die Wahrscheinlichkeit, mit der bei Vorhandensein eines Eingangsnutzsignals durch die Schwellwertüberschreitung festgestellt wird, daß tatsächlich ein Nutzsignal vorhanden ist. Sie ist durch die schraffierte Fläche in Bild 2.33 gegeben, die man mit Hilfe von Gl. (2.67) aus Gl. (2.66) berechnen kann.

$$W_d = \int_{U_S}^{\infty} p(U)\, dU \tag{2.67}$$

Aus Bild 2.33 kann entnommen werden, wie eine Veränderung des Schwellwerts $U_S$ sowohl die Falschalarmwahrscheinlichkeit (doppelt schraffierte Fläche) als auch die Entdeckungswahrscheinlichkeit beeinflußt. Ein hoher Schwellwert vermindert zwar die Anzahl der Falschmeldungen, setzt aber auch die Wahrscheinlichkeit herab, ein Ziel überhaupt zu entdecken. Umgekehrt führt ein zu niedriger Schwellwert zwar zu einer sicheren Objekterkennung, aber ebenfalls zu vielen Falschalarmen.

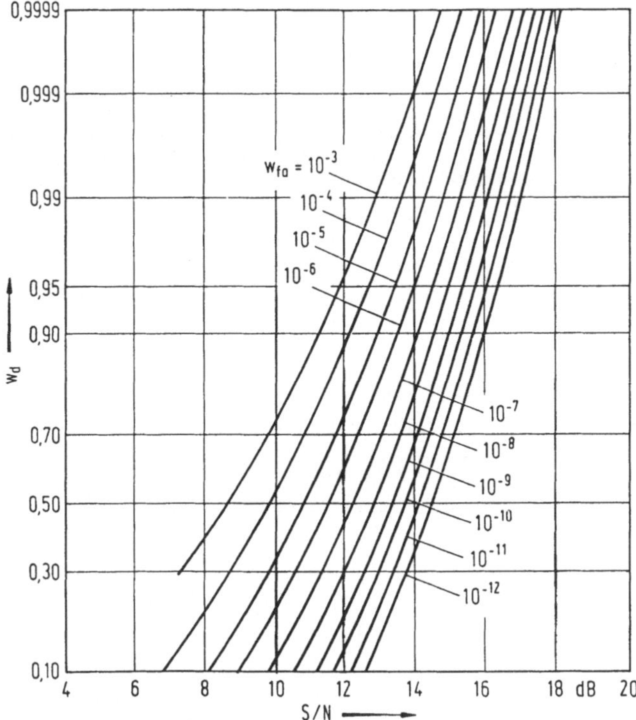


Bild 2.34. Falschalarmzeit als Funktion des Signal- zu Rauschverhältnisses

Die Entdeckungswahrscheinlichkeit ist vom Schwellwert $U_S$, von der Signalspannung $U_{ZF}$ und vom Effektivwert der Rauschspannung $u_{eff}$ abhängig. Ersetzt man in dieser Beziehung mit Hilfe von Gl. (2.65) das Verhältnis von Schwellwert zu Rauschspannung unter Einführung der Bandbreite durch die Falschalarmzeit, so kann die Entdeckungswahrscheinlichkeit als Funktion der Falschalarmzeit und des Signalzu Rauschverhältnisses dargestellt werden. Dieser Zusammenhang ist graphisch in Bild 2.34 veranschaulicht. Aus Bild 2.34 ist zu entnehmen, daß eine marginale Entdeckungswahrscheinlichkeit von $w_d = 0.5$ einen Störabstand von etwa 8 - 10 dB erfordert. Für eine zuverlässige Entdeckung mit $w_d = 0.999$ sind dem gegenüber nur 3.5 dB mehr an Signalpegel erforderlich.

Die vorausgegangenen Überlegungen gelten allgemein für die Feststellung eines Signalpegels am Empfängerausgang. Im Fall des Pulsradars gelten sie für die Beobachtung eines Radarimpulses. Durch Beobachtung von mehreren, der gleichen Laufzeit zugeordneten Antwortimpulsen läßt sich das für die Entdeckung wirksame Signal-Störverhältnis verbessern. Durch Auswertung von n Antwortimpulsen läßt sich durch kohärente Überlagerung der komplexen Signalamplituden eine um diesen Faktor größere Signalamplitude erzielen. Für die resultierende Signalleistung gilt

$$P_{Sn} \sim (n \cdot U_S)^2,$$

wenn $U_S$ die Amplitude des einzelnen Empfangsimpulses ist. Die Rausch- oder Störsignalleistung, die von Impuls zu Impuls nicht korreliert ist, wächst dagegen nur proportional zu n. Gl. (2.68) gibt daher die Verbesserung des Signal-Störverhältnisses bei kohärenter Integration an.

$$(S/N)_{Int} = n \cdot (S/N)_{Einzelimpuls} \tag{2.68}$$

Bei nichtkohärenter Summation nach dem Hüllkurvendetektor, z.B. durch einen Tiefpaß auf der Videoseite, ergibt sich eine Verbesserung des Störabstandes um einen Faktor, der zwischen $\sqrt{n}$ und n nach Gl. (2.68) liegt. $\sqrt{n}$ kennzeichnet auch den Gewinn, der durch einen Beobachter am Bildschirm erreicht wird.

Beim Rundsichtradar mit dem Winkelauflösungsvermögen $\gamma_A$ und dem Impulsabstand $T_p$ werden bei einem Antennenumlauf der Dauer $T_A$ maximal

$$n_B = \gamma_A / 360^\circ \cdot T_A / T_p \tag{2.69}$$

Impulse empfangen und sind für eine Integration verfügbar.

## Literatur zu Kapitel 2


[2.1] Blake, L.: Radar Range-Performance Analysis, Lexington: Lexington Books 1980.

[2.2] Skolnik, M., Ed.:Radar Handbook, New York: McGraw-Hill 1970.

[2.3] Skolnik, M.: Introduction to Radar Systems, Tokyo: McGraw-Hill 1980, S.450-456.

[2.4] Unger, H.-G.: Elektromagnetische Theorie für die Hochfrequenztechnik, Heidelberg: Hüthig 1981, S. 21 u. 25.

[2.5] Harrington, R.: Time-Harmonic Electromagnetic Fields, New York: McGraw-Hill 1961, S. 98ff.

[2.6] Jasik, H., Ed.: Antenna Engineering Handbook, New York: McGraw-Hill 1961, Chapt. 10.

[2.7] Meinke Gundlach, Hrsg. K. Lange u. K.H. Löcherer: Taschenbuch der Hochfrequenztechnik Berlin: Springer 1986, N41ff.

[2.8] James, G.: Geometrical theory of diffraction for electromagnetic waves, Stevenage: Peter Peregrinus, 1976.

[2.9] Harrington, R.: Time-Harmonic Electromagnetic Fields, New York: McGraw-Hill 1961, S. 98ff.

[2.10] Jasik, H., Ed.: Antenna Engineering Handbook, New York: McGraw-Hill 1961, Kap. 9.

[2.11] Meinke Gundlach, Hrsg. K. Lange u. K.H. Löcherer: Taschenbuch der Hochfrequenztechnik Berlin: Springer 1986, N15ff.

[2.12] Meinke Gundlach, Hrsg. K. Lange u. K.H. Löcherer: Taschenbuch der Hochfrequenztechnik Berlin: Springer 1986, N57ff.

[2.13] Steinberg, B.: Principles of Aperture and Array System Design, New York: John Wiley & Sons, 1976.

[2.14] Hanle, E. et al.: Ein experimentelles elektronisch gesteuertes Radarsystem (ELRA), DGON Symp. Radartechnik, Wachtberg-Werthhoven 1979, Düsseldorf: Bücherei der Ortung u. Navigation 1979, Vortrag Nr. 13.

[2.15] Gardiol, F.: Introduction to Microwaves, Dedham: Artech House 1984, S. 305 u. 308.

[2.16] Ruck, G., et al.: Radar Cross Section Handbook, New York: Plenum Press, 1970, Bd. 1, Kap. 3.

[2.17] Ruck, G., et al.: Radar Cross Section Handbook, New York: Plenum Press, 1970, Bd. 1, S. 44ff.

[2.18] Boerner, W.-M., et al., Ed.: Inverse Methods in Electromagnetic Imaging, Dordrecht: Reidel Publ. Co., 1985, Top. III, S. 493-671.

[2.19] Kroschel, K.: Statistische Nachrichtentheorie, Berlin: Springer 1973.

# 3 Radarkomponenten und Baugruppen

In diesem Kapitel werden wichtige Komponenten und Baugruppen von Radarsystemen vorgestellt.

## 3.1 Wellenleiter

### 3.1.1 Hohlleiter

Der Rechteckhohlleiter [3.1-3.3] nach Bild 3.1, der eine $H_{10}$-Welle führt, ist der wichtigste in der Radartechnik verwendete Wellenleiter. Er wird zur verlustarmen Signalfortleitung und in Bereichen mit hoher Sendeleistung eingesetzt. Oberhalb seiner kritischen Frequenz

$$f_c = c_0/(2a) \tag{3.1}$$

können sich in ihm Wellen ausbreiten. Durch das Auftreten höherer Dämpfungen ist sein Frequenzbereich nach unten, durch das Auftreten höherer Moden nach oben hin begrenzt. Er wird daher üblicherweise im Betriebsfrequenzbereich von

$$1.25 \cdot f_c \leq f \leq 1.9 \cdot f_c$$

eingesetzt. Die transportierbare Leistung ist durch die Spannungsfestigkeit des Ausbreitungsmediums beschränkt. Für Luft unter Atmosphärendruck liegt diese bei 30kV/cm. Als Beziehung zwischen der in Hohlleitermitte auftretenden maximalen elektrischen Feldstärke $E_{max}$ und der bei Anpassung transportierten Leistung P ergibt sich mit den Hohlleiterquerschnittsabmessungen a und b die Gl. (3.2):

$$P = E^2_{max}/(4Z_{F0}) \cdot ab \cdot \lambda_0/\lambda_H \, . \quad (3.2)$$

$Z_{F0} = 120\pi \; \Omega$; Feldwellenwiderstand des freien Raumes

$$\lambda_H/\lambda_0 = 1/\sqrt{1-(\lambda_0/(2a))^2}$$

a, b: Hohlleiterquerschnittsabmessungen

$\lambda_H$ : Wellenlänge im Hohlleiter

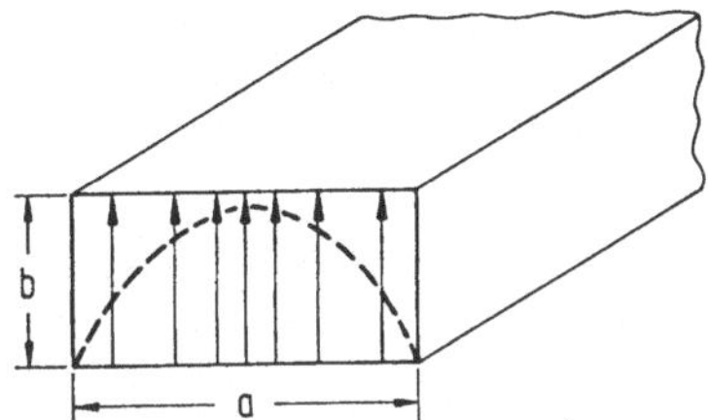


Bild 3.1. Rechteckhohlleiter mit $H_{10}$-Welle, Feldverteilung der elektrischen Feldstärke

Für die durch den Verlustwiderstand der leitenden Hohlleiterwände hervorgerufene Dämpfungskonstante der $H_{10}$-Welle ergibt sich theoretisch aus

$$\alpha/\text{dB/m} = 8.686 \, \frac{R^\bullet}{Z_{F0}} \cdot \frac{1/b - (\lambda_0/2a)^2 \cdot 2/a}{\sqrt{1 - (\lambda_0/2a)^2}} \quad (3.3)$$

mit $R^\bullet = \sqrt{\omega\mu/2\kappa}$ .

$\kappa$: Leitfähigkeit

Cu: $\kappa \approx 58 \cdot 10^4$ S/m, $\mu_r = 1$

Vor allem in den Hohlleiterbändern im Millimeterwellenbereich treten in der Praxis Dämpfungen auf, die bis um einen Faktor 2 größer sein können.

Neben dem Hohlleiter mit rechteckförmigem Querschnitt spielt für Drehkupplungen zur Verbindung von Radarsender und Radarantenne noch der Rundhohlleiter mit $E_{01}$-Welle eine Rolle [3.4].

## 3.1.2 Übrige Wellenleiter

Während der Rechteckhohlleiter in erster Linie zur verlustarmen Signalfortleitung eingesetzt wird, werden planare Schaltungstechniken, die sich mit Hilfe der Photolithographie kostensparend und leicht reproduzierbar herstellen lassen, zur Realisierung von Komponenten und Filterschaltungen verwendet. Beispiele sind die Mikrostreifenleitung auf Keramik- oder Kunststoffträgermaterial [3.5-3.7] bei niedrigeren Frequenzen und die Flossenleitung *(finline)*, die bei höheren Frequenzen auf Kunststoffträgermaterial realisiert wird. Einen Vergleich der Dämpfungen, die sich mit den verschiedenen Wellenleitern erreichen lassen, zeigt Bild 3.2. Für den Bereich der Millimeterwellentechnik hat sich besonders die Flossen- oder FIN-Leitungstechnik bewährt.

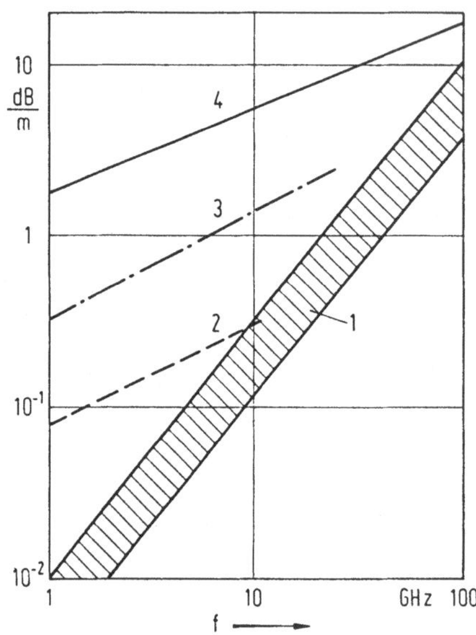


Bild 3.2. Charakteristische Dämpfungen typischer Wellenleiter. a) Rechteckhohlleiter a:b=2:1 im Betriebsfrequenzbereich, b) Koaxialleitung 1/2', c) Koaxialleitung RG214, 50Ω, d) Mikrostreifenleitung $\epsilon_r$=9.7, h=0,635mm, 50Ω

## 3.2 Leistungssender und Leistungsverstärker

### 3.2.1 Mikrowellenröhren

Bei Rundsichtradargeräten mit größerer Reichweite erfordert die Erzeugung des Sendesignals unter den Gesichtspunkten der Kosten, des benötigten Volumens und Gewichts sowie vom Energiebedarf her jeweils den größten Aufwand. Während klassische Röhren wie die Triode oder die Tetrode nur bei Frequenzen unterhalb 1GHz eingesetzt werden können, gibt es für den Mikrowellen- und Millimeterwellenbereich eine Vielzahl unterschiedlicher Spezialröhren.

Die bekanntesten Vertreter sind das Magnetron, die Wanderwellenröhre, der Rückwärtswellenoszillator und das Klystron. Grundsätzlich besitzen alle diese Röhren eine Verzögerungsstruktur für die elektromagnetische Welle, die es möglich macht, daß diese Welle in Wechselwirkung mit einem langsameren Elektronenstrahl tritt. Bei geeigneter Phasenlage der elektromagnetischen Welle, die durch die Konstruktion erreicht wird, ist diese in der Lage, die Elektronen des Elektronenstrahls abzubremsen. Damit geben die Elektronen Energie an das elektromagnetische Feld ab. Auf diese Weise wird die mit Gleichstromleistung erzeugte kinetische Energie des Elektronenstrahls in Mikrowellenleistung der geführten elektromagnetischen Welle überführt. Die dabei erzielten Wirkungsgrade können bis zu 75% erreichen.

Vom Aufbau her sind zwei verschiedene Röhrentypen zu unterscheiden: solche mit aufeinander senkrecht stehendem statischen elektrischen und magnetischen Feld (*crossed-field tubes*) und solche mit linearer Elektronenstrahlbewegung (*linear-beam tubes*). Die Funktionsprinzipien beider werden im folgenden an zwei Beispielen erläutert.

Magnetron [3.8]

Die Verhältnisse lassen sich vereinfacht an einer ebenen Struktur nach Bild 3.3a darstellen. In einem gekreuzten, statischen elektrischen und magnetischen Feld (Flußdichte B) bewegen sich Elektronen auf Zykloidenbahnen, wobei die translatorische Bewegung mit der mittleren Geschwindigkeit

$$v = E/B \tag{3.4}$$

stets senkrecht zur elektrischen Feldstärke E und damit parallel zur Kathode erfolgt. Ist dem statischen elektrischen Feld eine sich parallel zur Kathode ausbreitende elektromagnetische Welle überlagert, so ändert sich die mittlere Richtung der Elektronenbewegung, die nun abhängig von der resultierenden örtlichen Feldstärke mehr zur Anode oder Kathode gerichtet ist. Im eingeschwungenen Zustand wird die elektromagnetische Welle durch Schlitze in der Anode geführt, die für sie eine Verzögerungsstruktur darstellen. Da benachbarte Finger der Verzögerungsstruktur sich auf entgegengesetztem Potential befinden, spricht man vom $\pi$-Mode. Ein Elektron, das sich nach Bild 3.3b in Position (1) befindet, wird sich im zeitlichen Mittel zur Anode bewegen. Erfolgt die Bewegung mit einer Geschwindigkeit, bei der das hochfrequente elektrische Feld gerade gegenphasig geworden ist, wenn das Elektron Position (2) erreicht, so wird diese Bewegung zur Anode fortgesetzt. Da sich das Elektron stets mit einer Geschwindigkeitskomponente bewegt, die parallel zur hochfrequenten elektrischen Feldstärke gerichtet ist, gibt dieses Elektron auf seinem Weg zur Anode Energie an das elektromagnetische Feld ab.

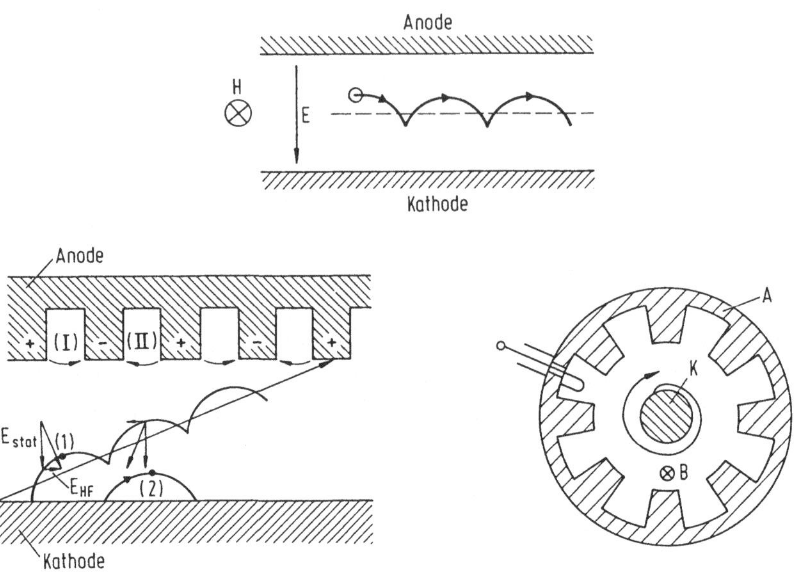


Bild 3.3. Zur Wirkungsweise des Magnetrons. a) ebene Struktur ohne HF-Feld, b) ebene Struktur mit Erregung durch $\pi$-Mode, c) Typischer Aufbau eines Magnetrons

Elektronen, die zum gleichen Zeitpunkt in Position (2) starten, werden zur Kathode abgelenkt. Sie entziehen dem elektromagnetischen Feld Energie und prallen wieder auf die Kathode (Rückheizung). Da sie sich aber weniger lang im Feld befinden, wird in der Gesamtbilanz die Wirkung der Elektronen überwiegen, die die Anode erreichen. Über alles gesehen findet daher der gewünschte Energietransfer von Gleichstromenergie in Mikrowellenenergie statt.

In der Praxis verwendet man keine ebene, sondern eine geschlossene ringförmige Struktur nach Bild 3.3c. Die hochfrequente Leistung wird über eine Ankopplung aus der Verzögerungsstruktur entnommen. Der Anschwingvorgang des Magnetrons geschieht aus dem thermischen Rauschen des Kathodenstroms.

Wanderwellenröhre [3.9]

Mit Hilfe einer Anordnung nach Bild 3.4 wird ein Elektronenstrahl erzeugt, der sich in Richtung der Achse einer Drahtwendel (Helix) ausbreitet. Längs der Drahtwendel läuft mit Lichtgeschwindigkeit eine elektromagnetische Welle, die an den Enden der Wendel über eine Resonatorstruktur ein- bzw. ausgekoppelt wird. Entsprechend der

Wendelsteigung ist die in Elektronenstrahlrichtung wirksame Ausbreitungsgeschwindigkeit der Welle geringer. Bei geeigneter Anpassung der Elektronengeschwindigkeit werden die Elektronen durch die Feldkomponenten abgebremst, geben also fortlaufend Energie an die elektromagnetische Welle ab. Die restliche Energie, die sie nach Durchlaufen der Drahtwendel noch besitzen, geben die Elektronen an eine Prallelektrode (Kollektor) ab. Die sich ergebende Zunahme der Energie des elektromagnetischen Feldes ist gleichbedeutend mit einer Verstärkung des eingespeisten Signals. Am hochfrequenten Ein- und Ausgang der Röhre ist gute Anpassung erforderlich, weil bei hohen Verstärkungen durch Reflexion Selbsterregung auftreten kann. Wanderwellenröhren besitzen eine große Bandbreite und erreichen Wirkungsgrade bis zu 20% und Impulsleistungen von einigen MW.

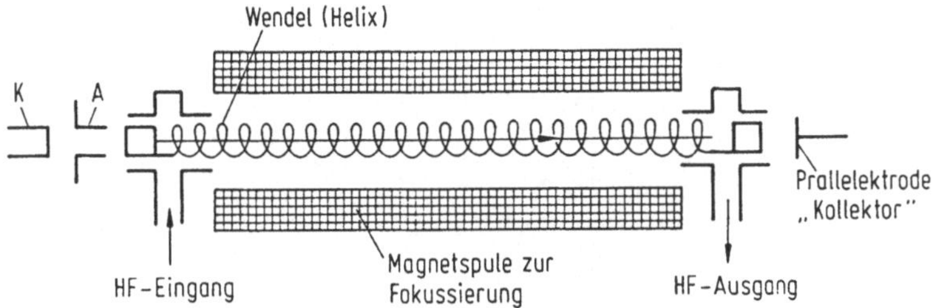


Bild 3.4. Prinzipieller Aufbau einer Wanderwellenröhre

Das Gyrotron [3.10] ist eine Verstärker- bzw. Oszillatorröhre, bei der die Elektronen unter dem Einfluß eines statischen Magnetfeldes auf Wendelbahnen umlaufen und in Wechselwirkung mit dem zirkularen elektrischen Feld eines Hohlraumresonators treten. Die Betriebsfrequenz wird in erster Linie durch die Zyklotronfrequenz bestimmt, mit der die Elektronen umlaufen. Daher kann der Hohlraumresonator unter Verwendung eines Wellentyps höherer Ordnung größer dimensioniert werden. Man kann daher hohe Strahlleistungen unterbringen und ist in der Lage, sehr große Leistungen zu erzielen. Das Gyrotron wurde für die Plasmafusion entwickelt und kann aus Stabilitätsgründen noch nicht für Radarzwecke eingesetzt werden. Bild 3.5 gibt einen Überblick über die mit Mikrowellenröhren erzielbaren Impulsleistungen.

## 3.2.2 Mikrowellenhalbleiter

Neben den Mikrowellenröhren kommen im Bereich kleinerer Leistungen zunehmend auch Mikrowellenhalbleiter zum Einsatz. Im Bereich der Leistungserzeugung wird neben dem GaAs-Feldeffekttransistor, der in Oszillator- und Verstärkerschaltungen bis etwa 50GHz eingesetzt werden kann (vgl. Bild 3.5), ab etwa 10GHz vorwiegend die IMPATT- (IMP*act* A*valanche* T*ransit* T*ime*) Diode [3.11] und das Gunn-Element [3.12] zur Schwingungserzeugung verwendet. Die im Vergleich zur Röhrentechnik geringeren erreichbaren Leistungen sind vor allem für Anwendungen im Bereich der phasengesteuerten Gruppenantennen erträglich, weil dort eine verteilte Leistungserzeugung am Ort des einzelnen Antennenelements durchführbar ist. Bei Verwendung mehrerer tausend Einzelelemente wird damit eine ausreichend hohe wirksame Strahlungsleistung erreicht.

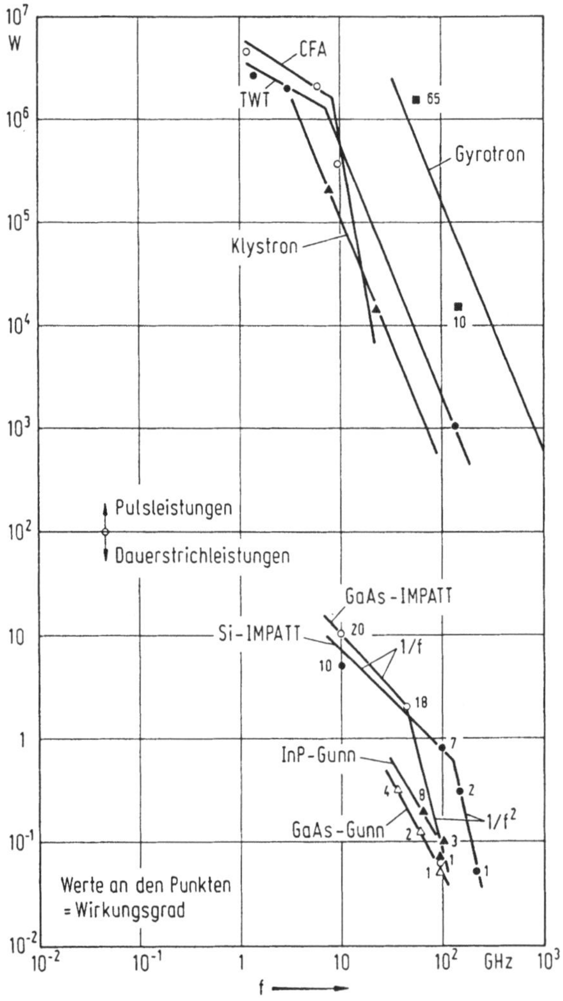


Bild 3.5. Mit Mikrowellenröhren und -halbleitern erzeugbare Leistungen; Stand ca. 1984

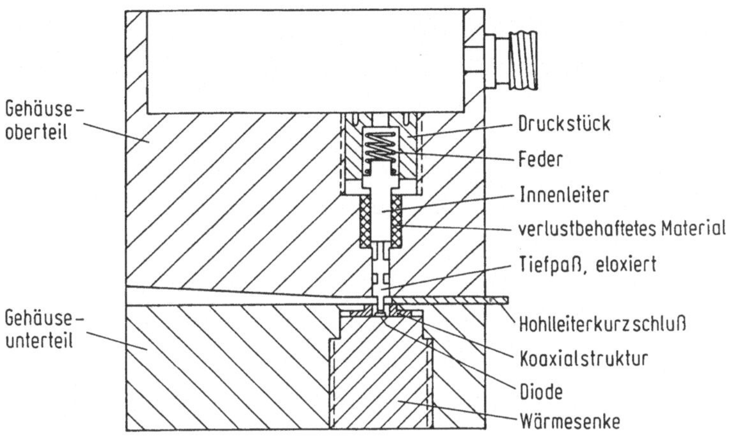


Bild 3.6. Schnitt durch einen IMPATT-Oszillator für 94GHz

Bei der IMPATT- oder Lawinenlaufzeitdiode handelt es sich um einen in Sperrichtung gepolten pn-Übergang, in dem durch Stoßionisation lawinenartig Ladungsträger entstehen, wobei durch eine anschließende Driftzone insgesamt eine Phasenverschiebung von 180° zwischen Strom und Spannung auftritt. Die Diode verhält sich unter diesen Betriebsbedingungen wie ein negativer Widerstand und ist bei geeigneter Beschaltung zur Schwingungserzeugung fähig.

Beim Gunn-Element wird der Elektronen-Transfer-Effekt benützt. Er führt dazu, daß in III-V-Halbleiterverbindungen wie GaAs die Driftgeschwindigkeit bei elektrischen Feldstärken über 3kV/cm mit wachsender Feldstärke zunächst wieder abnimmt. Dieser Abnahme entspricht ein negativer Widerstand, der im Mikrowellenbereich zur Schwingungserzeugung benutzt wird. Bei diesem Mechanismus, der 1963 von GUNN entdeckt wurde, handelt es sich nicht um einen Sperrschichteffekt. Vielmehr ist das ganze Halbleitervolumen daran beteiligt. Daher die Bezeichnung Gunn-Element.

IMPATT-Dioden und Gunn-Elemente werden meist in koaxiale Resonatoren eingebaut, die die Schwingungsfrequenz festlegen. Durch Veränderung der Ankopplung an den als Ausgang verwendeten Hohlleiter kann die abgegebene Leistung und die Empfindlichkeit gegen Laständerungen beeinflußt werden. Die nach dem Stand der Technik erreichbaren Leistungen sind in Bild 3.5 dargestellt. Dabei handelt es sich um Dauerstrichleistungen. Wegen der geringen Wärmekapazitäten der kleinen Halbleiterbauelemente sind die erreichbaren Impulsleistungen weniger als eine Größenordnung höher. Mit IMPATT-Dioden lassen sich höhere Leistungen erzielen. Gunn-Oszillatoren zeigen das kleinere Oszillatorrauschen [3.13], so daß sie als Überlagerungsoszillatoren für Empfangsmischer vorgezogen werden. Bild 3.6 zeigt einen Schnitt durch einen IMPATT-Oszillator bei 94GHz [3.14], bei dem die Ankopplung zwischen dem koaxialen Resonator und dem Hohlleiter durch Veränderung des Innenleiterdurchmessers und durch Justierung des Hohlleiterkurzschlußschiebers erreicht werden.

Der Feldeffekttransistor mit Schottky-Kontakt oder MESFET *(MEtal-Semiconductor-FET)* ist das zur Zeit vorwiegend zur Verstärkung von hochfrequenten Signalen verwendete Bauelement. Eine schematische Darstellung des MESFETs zeigt Bild 3.7. Die Weite der Sperrschicht des Schottky-Kontakts zwischen Gate (G) und dem n-leitenden GaAs-Kanal, die sich im Halbleiter ausbildet, kann durch die Gate-Source-Spannung verändert werden. Sie steuert nahezu leistungslos den Strom, der zwischen Source (S) und Drain (D) fließen kann und bewirkt den Verstärkungseffekt.

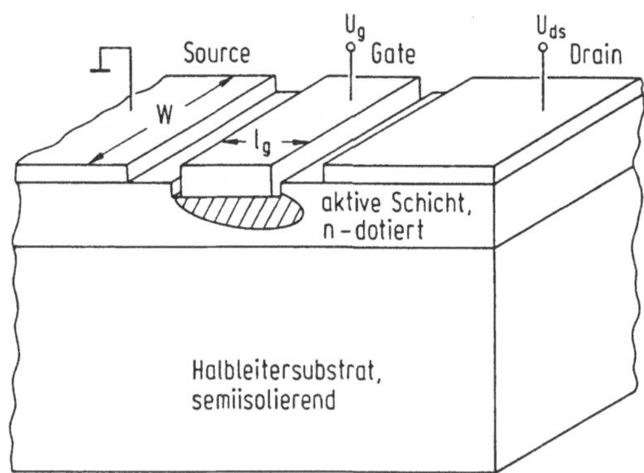


Bild 3.7. Schematische Darstellung eines MESFETs

Die Transitfrequenz der Stromverstärkung für Elektronen, die sich mit der Sättigungsgeschwindigkeit $v_S$ des Halbleitermaterials bewegen, beträgt

$$f_T = v_S /(2\pi l_g). \tag{3.5}$$

$l_g$ : Gate-Länge

Sie liegt für GaAs bei einer Gate-Länge von 0.5$\mu$m bei etwa 30GHz. Aus dieser Beziehung folgt einmal die Überlegenheit des GaAs gegenüber dem Silizium bezüglich der Grenzfrequenz und zum anderen die Notwendigkeit, für hohe Frequenzen extrem kleine und damit technologisch schwer zu beherrschende Gate-Längen bis herab zu 0.2$\mu$m zu verwenden. Bild 3.8 zeigt das hochfrequente Ersatzschaltbild des Feldeffekttransistors. Es zeigt sich, daß auch die minimal erreichbare Rauschzahl stark von der Gate-Länge abhängt. Nach [3.15] gilt

$$F_{min} = 1 + 0.27 \cdot l_g \cdot f \cdot \sqrt{g_m (R_S + R_g)} . \qquad (3.6)$$

$l_g$ in $\mu m$; f in GHz

Damit ergibt sich auch aus den Rauscheigenschaften die Forderung nach schmalen Gate-Fingern. Beim Einsatz des MESFETs für die Leistungsverstärkung ergibt sich eine thermische Begrenzung, die zur Verwendung von Mehrfingerstrukturen führt. Als grober Richtwert für die erzielbare Ausgangsleistung kann mit 0.3-0.5 W/mm Gate-Breite gerechnet werden [3.16].

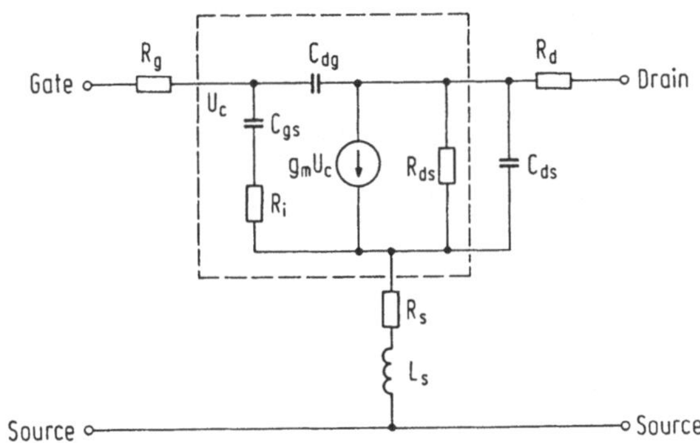


Bild 3.8. Hochfrequentes Ersatzschaltbild eines GaAs FETs.

Eine physikalische Ursache für das Auftreten der Sättigungsgeschwindigkeit ist die Streuung an den Donatoren. Eine Trennung zwischen Elektronen und Donatoren wird beim HEMT (*high-electron-mobility transistor*) erreicht, bei dem ein Heteroübergang aus nicht dotiertem GaAs hoher Reinheit und einer 2-15 nm (8-60 Atomschichten) dicken Schicht aus undotiertem $Al_xGa_{1-x}As$ die Voraussetzung für eine höhere Elektronenbeweglichkeit (bis zu 9000 $cm^2/(Vs)$ bei Zimmertemperatur) und eine ebenfalls höhere Sättigungsgeschwindigkeit ($2 \cdot 10^7$ cm/s) schafft [3.17]. Die Elektronen aus einer dritten, mit Silizium dotiertem $Al_xGa_{1-x}As$-Schicht sind am Heteroübergang durch die Diskontinuität des Leitungsbandes in einem dreiecksförmigen Potentialgraben gefangen und können sich nur in zwei Dimensionen parallel zur Grenzschicht bewegen. Dieses sog. zweidimensionale Elektronengas besitzt überlegene Transporteigenschaften, die sich nach Bild 3.9 in wesentlich erhöhten Grenzfrequenzen äußern, und die sich bei Verwendung von InGaAs noch weiter steigern lassen [3.18]. Damit hat der Transistor den Frequenzbereich von 100GHz erreicht.

Daneben gibt es noch weitere vielversprechende Transistorfunktionsprinzipien wie z.B. den PBT *(Permeable-Base Transistor)* und den HBT *(Heterojunction-Bipolar Transistor)*, die sich ebenfalls in GaAs-Technologie realisieren lassen und teilweise für Frequenzen wesentlich über 100 GHz einsetzbar sein werden [3.19, 3.21]. Die Bedeutung dieser Entwicklungen ist für die absehbare Zukunft darin zu sehen, daß damit für den von der Anwendung her wichtigen Frequenzbereich bis 100 GHz Halbleiterelemente zur Verfügung stehen werden, die nicht an den Grenzen ihrer Leistungsfähigkeit und der Technologie betrieben werden müssen.

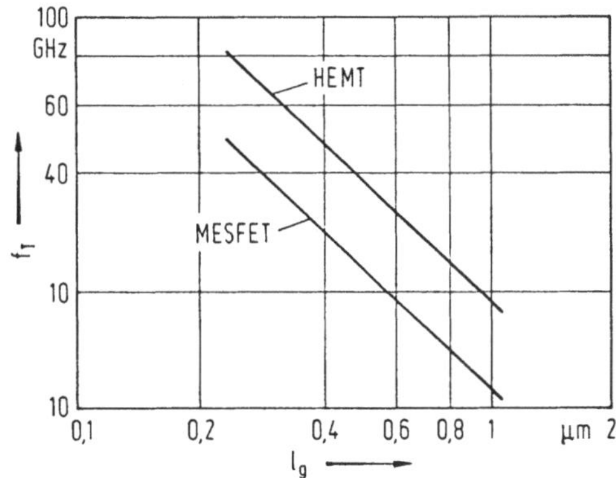


Bild 3.9. Transitfrequenz der Kurzschlußstromverstärkung als Funktion der Gate-Länge $l_g$ für MESFETs und HEMTs, nach [3.21].

## 3.3 Mischer

Für den Empfang der schwachen Radarantwortimpulse wird üblicherweise das Superheterodyn- oder Überlagerungsverfahren eingesetzt. Dabei wird das empfangene Signal mit der Frequenz $f_E$, ggfs. nach einer Vorverstärkung mit Hilfe eines Überlagerungsoszillators (Pump- oder Lokaloszillator, Frequenz $f_{LO}$) durch Mischung an der nichtlinearen Kennlinie einer Halbleiterdiode in den Zwischenfrequenzbereich umgesetzt. Bei dieser Zwischenfrequenz kann anschließend die notwendige Verstärkung und Signalaufbereitung wesentlich einfacher durchgeführt werden.

Durch Aussteuerung der nichtlinearen Kennlinie mit dem Empfangs- und dem Überlagerungsoszillatorsignal entstehen neue Kombinationsfrequenzen

$$f_K = |mf_E \pm nf_{LO}|.$$
m,n ganze Zahlen

Mit größter Amplitude können dabei Summe und Differenz der ursprünglichen Frequenzen auftreten. Im Fall des Radarempfängers wird durch ein Eingangsfilter sichergestellt, daß nur die erwünschte Empfangsfrequenz dem nichtlinearen Element zugeführt wird. Als Nutzsignal erscheint am Mischerausgang die Differenz von Empfangs- und Überlagerungsoszillatorfrequenz, die als Zwischenfrequenz verwendet wird.

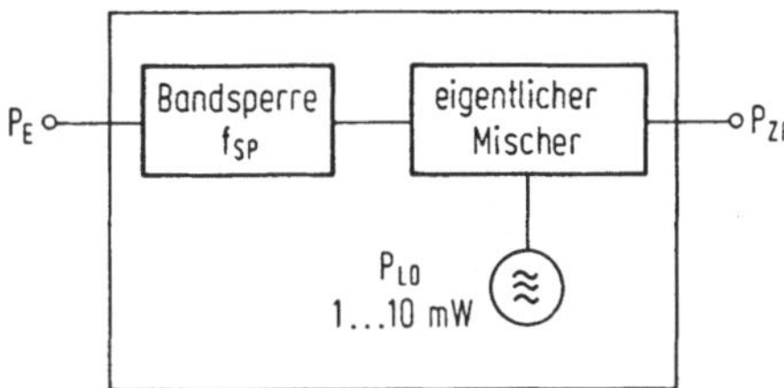


Bild 3.10. Empfangsmischer als Zweitor

Ein zur Frequenzumsetzung benutzter Empfangsmischer kann als lineares Zweitor nach Bild 3.10 betrachtet werden, wenn man die Zuführung des Überlagerungsoszillatorsignals mit in den Vierpol einbezieht. Die Eingangsklemmen des Vierpol führen dabei ein Signal der Frequenz $f_E$, während an den Ausgangsklemmen das Signal auf der Zwischenfrequenz $f_{ZF}$ zur Verfügung steht. Eine Behandlung der im Mischer auftretenden Aussteuerungsvorgänge und ihre Beschreibung durch eine Konversionsmatrix findet man in [3.22].

Mit der Frequenz des Überlagerungsoszillatorsignals $f_{LO}$ gilt Gl. (3.7) für die Frequenzen der beteiligten Signale.

$$f_{ZF} = |f_E - f_{LO}| \quad (3.7)$$

Neben den hier genannten Frequenzen wird das Verhalten des Mischers noch durch seine Beschaltung auf der Spiegelfrequenz

$$f_{SP} = 2f_{LO} - f_E \quad (3.8)$$

beeinflußt, die beim Mischvorgang an der nichtlinearen Kennlinie ebenfalls entsteht. Kleinste Konversionsverluste treten dann auf, wenn man durch ein Filter gewährleistet, daß keine Ströme auf der Spiegelfrequenz durch die Halbleiterdiode fließen können. Eine Bandsperre auf dieser Spiegelfrequenz ist weiterhin im Eingangskreis aus Gründen der Störfestigkeit erforderlich, weil diese Frequenz nach Gl. (3.7) ebenfalls auf die Zwischenfrequenz umgesetzt würde.

Den Konversionsverlust, der sich bei Speisung und Belastung des Mischers mit dem Wellenwiderstand des jeweils bei Empfangsfrequenz und Zwischenfrequenz verwendeten Wellenleiters messen läßt, bezeichnet man als **Mischverlust** $L_C$. Für die Leistungen am Eingangs- bzw. Zwischenfrequenztor gilt Gl. (3.9).

$$L_C/\mathrm{dB} = 10 \log(P_E/P_{ZF}) \tag{3.9}$$

In linearer Schreibweise entspricht der Mischverlust dem Betriebsübertragungsmaß $l_C$, das stets kleiner als 1 ist.

$$l_C = P_{ZF}/P_E \tag{3.10}$$

Die **Rauschzahl** eines Mischers ist wie bei jedem anderen Vierpol nach Gl. (3.11) als die Verminderung des Störabstands zwischen Mischerausgang und Mischereingang bei einem Eingangsquellwiderstand mit der Rauschtemperatur $T_0$=293K definiert .

$$F = \left.\frac{P_E/P_{RE}}{P_{ZF}/P_{RZF}}\right|_{T=T_0} \tag{3.11}$$

Übliche Mikrowellenmischer benehmen sich bei Zwischenfrequenzen oberhalb des 1/f-Rauschens von ihren Rauscheigenschaften her wie Dämpfungsglieder und besitzen Rauschzahlen, die etwa gleich dem Mischverlust $L_C$ sind.

$$F = L_C \tag{3.12}$$

Abweichungen von diesem Verhalten, die vorwiegend bei Frequenzen unterhalb 1 MHz auftreten, beschreibt man durch das Rauschtemperaturverhältnis $t_R$, das angibt, um welchen Faktor der Rauschbeitrag des Mischers größer als der durch Gl. (3.12) gegebene ist. Die Signal- und Rauschleistungsverhältnisse an Mischerein- und Mischerausgang sind in Bild 3.11 dargestellt, in dem die auftretenden Pegeländerungen veranschaulicht werden.

Bei Messung der Mischerrauschzahl ist zu beachten, daß bei breitbandigen Mischereingängen Rauschleistung bei der Signal- und der Spiegelfrequenz eingespeist wird. Man erhält dabei die bis um den Faktor 2 bessere Zweiseitenband-Zusatzrauschzahl

[3.23], während für die Empfindlichkeit des Radarsystems die Einseitenband-rauschzahl maßgebend ist.

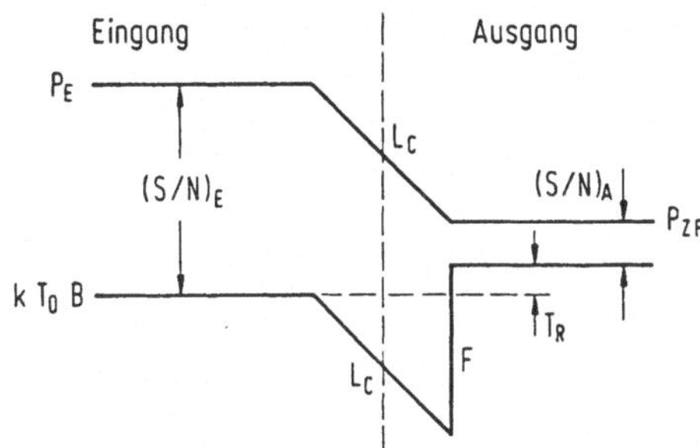


Bild 3.11. Pegeldiagramm für einen Empfangsmischer in logarithmischer Darstellung

Der **Dynamikbereich** eines Mischers kann mit den folgenden Überlegungen, die in Bild 3.12 dargestellt sind, abgeleitet werden. Zu kleinen Leistungen hin ist der nutzbare Pegelbereich durch das thermische Rauschen am Mischerausgang bestimmt. Der lineare Zusammenhang zwischen Zwischenfrequenzsignalleistung und Mischereingangssignalleistung besteht solange, bis die Ausgangsleistung in die Größenordnung der um den Mischverlust verminderten Überlagerungsoszillatorleistung kommt. Überlicherweise spezifiziert man, wie in Bild 3.12 veranschaulicht, als 1dB-Kompressionspunkt die Eingangssignalleistung, bei der am Ausgang eine 1dB-Abweichung vom linearen Zusammenhang auftritt.

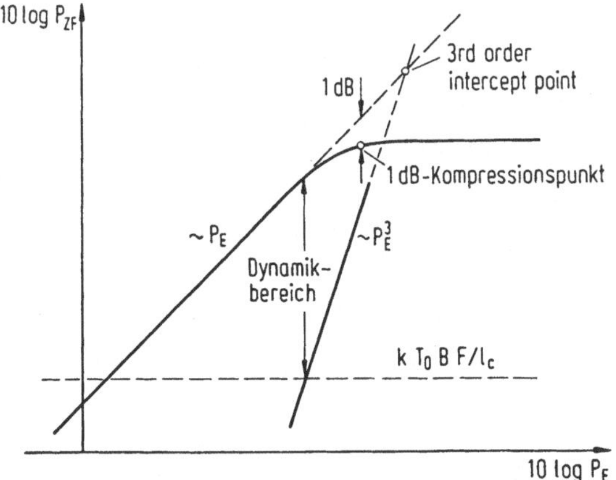


Bild 3.12. Dynamikbereich eines Empfangsmischers

Eine weitere Begrenzung des nutzbaren Pegelbereiches wird durch neue, unerwünschte Signale hervorgerufen, die durch Mischung von Störsendersignalen mit der Nutzfrequenz an der nichtlinearen Kennlinie verursacht werden. Dabei spielen vorwiegend die Intermodulationsprodukte 3.Ordnung eine Rolle, die entstehen, wenn zwei Störsender mit den Frequenzen $f_{ST1}$ und $f_{ST2}$ vorhanden sind und die Frequenz

$$f_{IM} = |2f_{ST1} \pm f_{ST2}| \tag{3.13}$$

in den Nutzfrequenzbereich des Empfängers fällt. Die durch diese Intermodulationsprodukte auftretende Störleistung wächst mit der dritten Potenz des Mischereingangspegels. Dieses Störverhalten kann durch Angabe des (theoretischen) Schnittpunktes der Übertragungskennlinie (Steigung 1) mit der Kennlinie der Intermodulationsprodukte (Steigung 3) charakterisiert werden (*3rd order intercept point*).

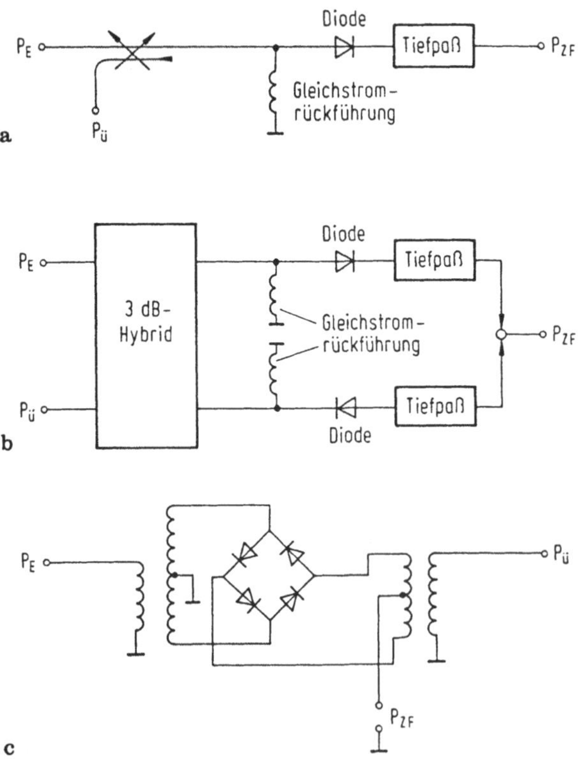


**Bild 3.13. Empfangsmischer. a) Eintaktmischer, b) Gegentaktmischer, c) Ringmischer**

Zur Unterdrückung unerwünschter Modulationsprodukte können zwei oder mehr Mischerdioden in einem Mischer derart angeordnet werden, daß die Dioden vom

Überlagerungs- und vom Nutzsignal her mit unterschiedlicher Phasenlage ausgesteuert werden. Man kommt dann vom Eintaktmischer nach Bild 3.13 zum Gegentaktmischer und bei Verwendung von vier Dioden zum Ringmischer. Neben der auf diese Weise möglichen Trennung von Signalleistungs- und Überlagerungsoszillatoreingang kann man beispielsweise eine Unterdrückung des Oszillatorrauschens des Überlagerungsoszillators erreichen. Einen Überblick über die mit den einzelnen Mischertypen erreichbaren Eigenschaften gibt [3.24].

## 3.4 Verstärker

### 3.4.1 Rauscheigenschaften

Die Rauschzahl eines linearen Vierpols ist nach Gl. (3.11) als das Verhältnis der Störabstände von Vierpoleingang zu Vierpolausgang definiert, das auftritt, wenn der Vierpol mit einer Rauschquelle gespeist wird, die sich auf der Rauschtemperatur $T_0$=290K befindet. Die tatsächlich auftretende Verschlechterung des Störabstands hängt daher noch von der Rauschtemperatur der verwendeten Quelle ab. Handelt es sich z.B. um eine Empfangsantenne, die in den für die Radartechnik üblichen Frequenzbereichen deutlich niedrigere Rauschtemperaturen aufweist [3.25], kann eine gesonderte Abschätzung notwendig werden. Einen Überblick über das Verhalten einer Kettenschaltung von Vierpolen bezüglich ihrer Rauscheigenschaften erhält man, wenn man die Rauschleistungsbeitrage der einzelnen Vierpole am Ausgang der Gesamtschaltung zusammenfaßt. Dabei wird jeder einzelne Vierpol als rauschfrei betrachtet und der von ihm erzeugte Rauschbeitrag einer äquivalenten zusätzlichen Rauschquelle am Vierpoleingang zugeordnet. Diese zusätzlich durch den Vierpol eingeführte Rauschleistung $P_{zV}=kT_VB$ wird durch die zusätzliche Rauschzahl $F_z$ nach Gl. (3.14) beschrieben, die angibt, um welchen Faktor der Rauschbeitrag des Vierpols größer ist als die verfügbare Leistung $P_0=kT_0B$ einer Rauschquelle auf der Temperatur $T_0$.

$$F_z = T_V/T_0 \tag{3.14}$$

$$P_{vz} = kT_0 \cdot B \cdot F_z \tag{3.15}$$

$$\text{mit } kT_0 = 4 \cdot 10^{-21}\text{Ws} = -174 \text{ dBm/Hz}$$

Betrachtet man eine Kettenschaltung mehrerer Vierpole nach Bild 3.14, von denen jeder eine verfügbare Leistungsverstärkung $g_i$ aufweist, so beschreibt Gl. (3.16) die Beiträge der einzelnen Vierpole zu der am Ausgang auftretenden Rauschleistung

$$\begin{aligned} P_{RA} &= \underset{\text{(Quelle)}}{g_1 \cdot g_2 \cdot kT_A B} + \underset{\text{(1. Vierpol)}}{g_1 \cdot g_2 \cdot kT_0 B \cdot F_{z1}} + \underset{\text{(2. Vierpol)}}{g_2 \cdot kT_0 B \cdot F_{z2}} = \\ &= \underset{\text{(Gesamtsystem)}}{g_1 \cdot g_2 \cdot kT_S B}\ , \end{aligned} \tag{3.16}$$

die auch durch die Systemrauschtemperatur $T_S$ beschrieben werden können. Im Falle eines Radarempfängers ohne hochfrequenten Vorverstärker wäre $T_A$ die Antennenrauschtemperatur, $g_1$ der Gewinn ($<1$) des Empfangsmischers und $g_2$ der des Zwischenfrequenzverstärkers. Für das Verhältnis $F^*$ der Störabstände von Eingang zu Ausgang ergibt sich mit der Eingangsrauschleistung

$$P_{RE} = kT_A B$$

die in Gl. (3.17) dargestellte Beziehung.

$$F^* = 1 + T_A/T_0 \cdot \{F_{z1} + F_{z2}/g_1 + F_{z3}/(g_1 g_2) + \dots\} \tag{3.17}$$

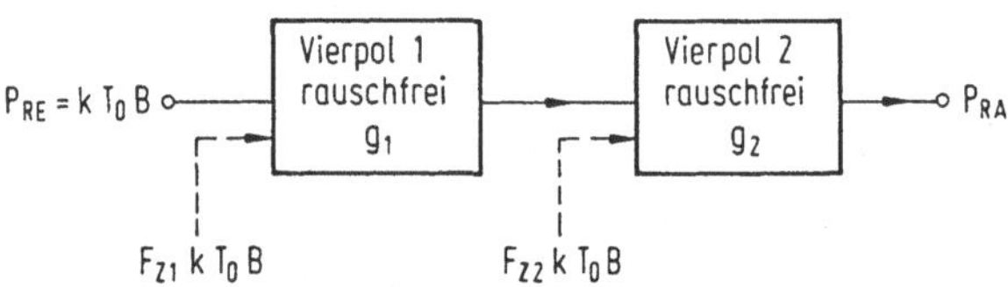


Bild 3.14. Rauscheigenschaften einer Kettenschaltung von Vierpolen.

Nur für den Fall, daß die speisende Quelle die Rauschtemperatur $T_A = T_0$ aufweist, ist dieses Verhältnis gleich der Empfängerrauschzahl F. Ist der Vierpol 1, wie bei Radarempfängern üblich, ein Empfangsmischer mit einem Mischverlust $l_C$ kleiner als 1, so dominiert bezüglich der Rauschbeiträge der anschließende Zwischenfrequenzverstärker und liefert einen um den reziproken Mischverlust vergrößerten Beitrag zur Gesamtrauschzahl. In diesem Fall gilt für die Rauschzahl eines Radarempfängers ($T_A = T_0$):

$$F = F_{ZF}/l_C \tag{3.18}$$

$F_{ZF} = 1 + F_{zZF}$ : Rauschzahl des ZF-Verstärkers

## 3.4.2 Transistorverstärker

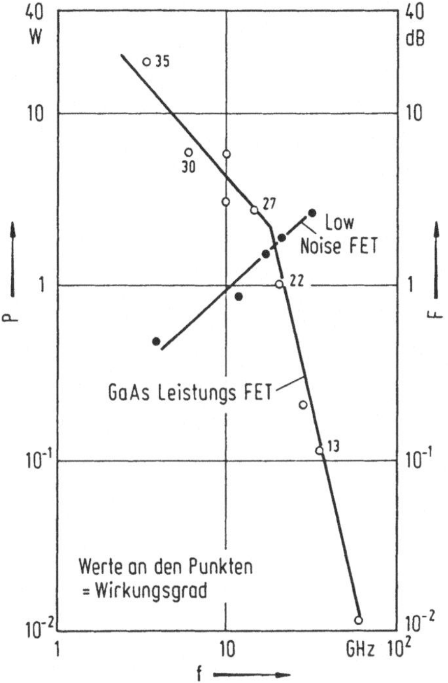


Bild 3.15. Eigenschaften von GaAs-Feldeffekttransistoren für Vor- und Leistungsverstärkung (Stand 1983 nach [3.27])

Der Anwendungsbereich von Transistoren erreicht mittlerweile unter Verwendung neuer Prinzipien (z.B. HEMT [3.26]) Frequenzen um 60 GHz. Bild 3.15 gibt hinsichtlich Leistung und Rauschzahl einen Überblick über den Stand der Technik auf dem Gebiet der GaAs-Feldeffekttransistoren.

MESFET-Verstärker können, wie in Bild 3.16 dargestellt, nach unterschiedlichen Prinzipien realisiert werden. Der rückgekoppelte Verstärker stellt die beste Methode dar, bei ausreichender Eingangs- und Ausgangsanpassung einen ebenen Verstärkungsgang ohne wesentliche Einbuße bei der Rauschzahl zu bekommen. Für rauscharme Verstärker oberhalb 5 GHz verwendet man MESFETs ohne Rückkopplung mit zusätzlichen Blindelementen zur Anpassung der Eingangs- und Ausgangsimpedanzen des Transistors. Kleine Rauschzahlen lassen sich dabei nur auf Kosten der Eingangsanpassung erreichen [3.28]. Der Kettenverstärker besitzt das Potential der größten Breitbandigkeit und beruht auf dem Gedanken, die unvermeidlichen parasistären Eingangs- und Ausgangsblindwiderstände in eine durch konzentrierte Bauelemente nachgebildete Übertragungsleitung einzubeziehen und damit ihre Auswirkung auf den Frequenzgang unwirksam zu machen. Mit diesem Prinzip lassen sich Bandbreiten über 25 GHz erzielen [3.29].

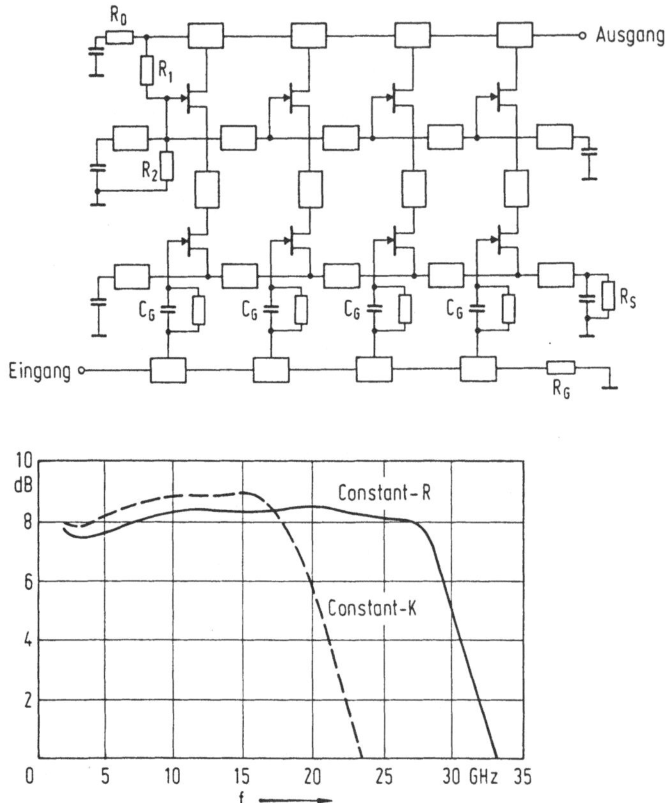


Bild 3.16. Kettenverstärker in Kaskodeschaltung. a) Schaltung, b) Frequenzgang, aus [3.29].

Die Verwendung der aus der Röhrentechnik bekannten Kaskodeschaltung [3.30], einer Kombination zweier MESFETs in Source- und Gate-Basisschaltung, verringert die Rückwirkung und das Eigenrauschen, gestattet eine hohe Leistungsverstärkung und eine höhere Ausgangsleistung und vergrößert den Ausgangswiderstand.

## Literatur zu Kapitel 3

[3.1] Meinke Gundlach, Hrsg. K. Lange u. K.H. Löcherer: Taschenbuch der Hochfrequenztechnik, Berlin: Springer 1986, K20ff.

[3.2] Groll, H.: Mikrowellen-Meßtechnik, Braunschweig: Vieweg & Sohn, 1969, Kap. 1.3.

[3.3] Unger, H.-G.: Elektromagnetische Theorie für die Hochfrequenztechnik, Heidelberg: Hüthig-Verlag, 1981, S. 207ff.

[3.4] Meinke Gundlach, Hrsg. K. Lange u. K.H. Löcherer: Taschenbuch der Hochfrequenztechnik, Berlin: Springer 1986, K28.

[3.5] Hofmann, R.: Integrierte Mikrowellenschaltungen. Berlin: Springer-Verlag 1983.

[3.6] Gupta, K.: Microstrip Lines and Slotlines. Dedham: Artech House 1979.

[3.7] Meinke Gundlach, Hrsg. K. Lange u. K.H. Löcherer: Taschenbuch der Hochfrequenztechnik, Berlin: Springer 1986, K33.

[3.8] Knoll, M., Eichmeier, J.: Technische Elektronik, Bd. 1, Berlin: Springer 1965, S. 155.

[3.9] Knoll, M., Eichmeier, J.: Technische Elektronik, Bd. 1, Berlin: Springer 1965, S. 159.

[3.10] Döring, H.: 100 Jahre Elektronenröhren. NTZ (36) 1983, S. 644-652.

[3.11] Unger, H.-G., Harth, W.: Hochfrequenz-Halbleiterelektronik, Stuttgart: 1972, S. 296ff.

[3.12] Unger, H.-G., Harth, W.: Hochfrequenz-Halbleiterelektronik, Stuttgart: 1972, S. 328ff.

[3.13] Hewlett-Packard: Microwave Power Generation and Amplification using IMPATT Diodes. HP Appl. Note 935, 1971.

[3.14] Hetzner, W.: Radiometerempfänger im Millimeterwellengebiet und ihr Einsatz zur Untersuchung von Oberflächen. Techn. Univ. München, Dissertation Jan. 1983.

[3.15] Fukui, H.: Optimal Noise Figure of Microwave GaAs MESFET's. IEEE Trans ED-26, No.7, July 1979, S. 1032-1037

[3.16] Wissemann, W.: GaAs Monolithic Microwave Integrated Circuits. 15th Europ. Microw. Conf., Paris, Sept. 1985, S. 114

[3.17] Collins, D.: Molecular-Scale Engineering of Compound Semiconductor Materials. HP-Journal 37(1986)11, S. 8

[3.18] Henderson, T.; et al.: Power and noise performance of the pseudomorphic modulation doped field effect transistor at 60 GHz. IEDM Tech. Dig. (1986), S. 464-466

[3.19] Ishibashi, T.; et al.: Self-aligned AlGaAs/GaAs heterojunction bipolar transistors for high-speed digital circuits. IEDM Tech. Dig. (1986), S. 809-810

[3.20] Trew, R.; et al.: Millimeter-wave performance of state-of-the-art MESFET, MODFET and PTB transistors. Electron. Letters 23(1987), S. 149-151.

[3.21] Harth, W.: Semiconductor Microwave Devices. In: Groll, H.; Waidelich, W.( Hrsgbr.): Microwave Applications. Springer, Berlin (1987), S. 79-92

[3.22] Unger, H.-G., Harth, W.: Hochfrequenz-Halbleiterelektronik, Stuttgart: 1972, S. 165ff.

[3.23] Meinke Gundlach, Hrsg. K. Lange u. K.H. Löcherer: Taschenbuch der Hochfrequenztechnik, Berlin: Springer 1986, G21.

[3.24] Reynolds, F., et al.: Learn the Language of Mixer Specification. Microwaves, Mai 1978, S. 72-80.

[3.25] Meinke Gundlach, Hrsg. K. Lange u. K.H. Löcherer: Taschenbuch der Hochfrequenztechnik, Berlin: Springer 1986, H17.

[3.26] Liechti, Ch.: Heterostructure Transistor Technology - A New Frontier in Microwave Electronics. Proc. 15th Europ. Microwave Conf., Paris 1985, S. 21-29.

[3.27] Hieslmair, H.; DeSantis, Ch.; Wilson, N.: State of the Art of Solid-State and Tube Transmitters. Microwave J., Okt. 1983, S. 46-48.

[3.28] Pettenpaul, E.: GaAs Monolithic Integrated Circuit's (MMIC's). In: Groll, H.; Waidelich, W., Edit.: Proc. of the Microw. Congr. at LASER87, Springer München 1987, S. 103.

[3.29] Chase, E,; Kennan, W.: A power distributed amplifier using constant-R networks. IEEE Monolithic Circuits Symposium, Baltimore, 1986, S.13-17.

[3.30] Unger, H.-G.; Harth, W.: Hochfrequenz-Halbleiterelektronik. Hirzel, Stuttgart (1972), S. 292.

# 4 Dauerstrichradar

## 4.1 Dopplerradar

Beim Dauerstrichradar wird die Phasendifferenz $\varphi_D$ zwischen dem Sendesignal $u_S$ mit der Frequenz $f_S$ und dem Empfangssignal ausgewertet. Diese Phasendifferenz ist bei sich im Strahlungsfeld bewegenden Objekten zeitabhängig und in ihrem Wert durch den momentanen Abstand r(t) nach Bild 4.1 zwischen Radarsystem und Objekt nach Gl. (4.1) bestimmt. Sie weist ein negatives Vorzeichen auf, weil die empfangene Welle gegenüber der gesendeten durch die zurückgelegte Strecke von 2r eine Phasenverzögerung aufweist.

$$\varphi_D = -\,2\pi\cdot 2\cdot r(t)/\lambda \tag{4.1}$$

λ : Wellenlänge des Sendesignals

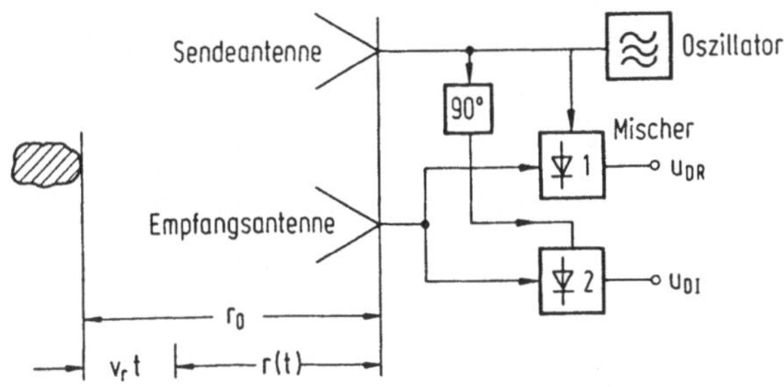


**Bild 4.1. Blockschaltbild eines homodynen Dopplerradars mit Quadraturkanal.**

Zum Sendesignal

$$u_S = U_S\cdot\cos(2\pi f_S t)$$

gehört das Empfangssignal

$$u_E = U_E \cdot \cos(2\pi f_S t - 2\pi \cdot 2r(t)/\lambda)$$

mit der Momentanfrequenz

$$f_E = 1/(2\pi) \cdot d\varphi_E/dt = f_S - f_d(t).$$

Durch Mischung beider erhält man letztendlich ein niederfrequentes Mischprodukt mit der Dopplerfrequenz $f_d$. Für das Ausgangssignal $u_{DR}$ dieses phasenempfindlichen Gleichrichters, der auch als Synchrondetektor bezeichnet wird und als Mischer auf die Zwischenfrequenz Null betrachtet werden kann, gilt

$$u_{DR} = U_{DR} \cdot \cos(2\pi \cdot 2r(t)/\lambda). \quad (4.2)$$

Je nach dem, ob diese Mischung auf die Zwischenfrequenz Null direkt erfolgt oder nach Bild 4.2 auf dem Umweg über eine Verstärkung im eigentlichen Zwischenfrequenzbereich, spricht man von einem Homodyn- oder einem Heterodynempfänger.

Die Verwendung eines zweiten Mischers zur Mischung zwischen Empfangssignal und einem im Vergleich dazu um 90° phasenverschobenen Sendesignal ergibt das Quadratursignal

$$u_{DI} = U_{DI} \cdot \sin(2\pi \cdot 2r(t)/\lambda). \quad (4.3)$$

Die niederfrequenten Signale aus Gl. (4.2) und Gl. (4.3) können als Real- bzw. Imaginärteil eines komplexen Signalzeigers $u_D(t)$ mit der Phase $\varphi_D$ aufgefaßt werden. Die gesamte Anordnung mit den beiden Mischern für Real- und Imaginärteil nach Bild 4.1 wird daher auch als komplexer Mischer bezeichnet. Der Signalzeiger läuft in der komplexen Ebene einmal um, wenn sich der Abstand zwischen Radar und Objekt um eine halbe Wellenlänge ändert. Der Umlaufsinn hängt davon ab, ob sich der Abstand r(t) vergrößert oder verkleinert.

Durch Auswertung der Phase dieses Signalzeigers können daher Abstandsänderung und Richtung der Abstandsänderung mit hoher Präzision gemessen werden. Eine Bewegung des Objekts mit konstanter Relativgeschwindigkeit v ergibt eine zeitproportionale Phasenänderung. Einer zeitlinearen Phasenänderung entspricht aber ein sinusförmiger Signalverlauf. Die zeitliche Ableitung der Phase nachGl. Gl. (4.4) ergibt die Dopplerfrequenz, die nach dem österreichischen Physiker Christian Doppler benannt ist.

$$f_d = 1/(2\pi)\cdot d\varphi_D/dt = -2/\lambda\cdot dr/dt \qquad (4.4)$$

Die momentane Dopplerfrequenz nach Gl. (4.4) ist vorzeichenbehaftet. Einer negativen Dopplerfrequenz entspricht eine Abstandszunahme. D.h. in diesem Fall ist die Empfangsfrequenz $f_E$ um die Dopplerfrequenz niedriger als die Sendefrequenz $f_S$.

Bei linearer Bewegung mit der Geschwindigkeit v unter einem Winkel $\alpha$ bezogen auf die Ausbreitungsrichtung der elektromagnetischen Welle ergibt sich Gl. (4.5) für die Dopplerfrequenz. Gl. (4.5) ist gültig, solange die Geschwindigkeit v wesentlich kleiner als die Lichtgeschwindigkeit $c_0$ ist [4.1-4.2].

$$f_d = 2f_s\cdot v/c_0\cdot\cos\alpha = 2v/\lambda\cdot\cos\alpha \qquad (4.5)$$

Die während einer Schwingungsdauer $T_d = 1/f_d$ einer Dopplerschwingung aufgetretene Entfernungsänderung beträgt nach Gl. (4.6) eine halbe Wellenlänge.

$$v\cdot\cos\alpha\cdot T_d = \lambda/2 \qquad (4.6)$$

Durch Auszählen der Anzahl der beobachteten Dopplerschwingungszüge kann bei einem Objekt die von ihm in dieser Zeit zurückgelegte Strecke bestimmt werden.

Die bei der Dopplerfrequenzmessung erreichbare Auflösung hängt von der Breite des Dopplerspektrums ab. Zwei Objekte mit gleicher Signalamplitude und unterschiedlicher Relativgeschwindigkeit sind gerade dann noch bzw. nicht mehr voneinander zu unterscheiden, wenn die ihnen zuzuordnenden Maxima der spektralen Verteilung sich gerade noch oder gerade nicht mehr zu einem Verlauf mit zwei getrennten Höckern überlagern. Im Falle eines Dopplerschwingungszuges konstanter Amplitude mit der Dauer T ist dieser Frequenzabstand durch die halbe Hauptmaximumsbreite $\Delta f_d$ des entstehenden sin(x)/x-Spektrums gegeben:

$$\Delta f_d = 1/T \qquad (4.7)$$

Die erreichbare Auflösung $\Delta v$ bei der Geschwindigkeitsmessung ist damit durch die Meßdauer T und die Wellenlänge nach Gl. (4.8) bestimmt.

$$\Delta v = \lambda/(2T)$$
$$\delta v = \lambda/(T\sqrt{2S/N}) \qquad (4.8)$$

Die Genauigkeit $\delta v$ der Geschwindigkeitsmessung hängt von der Beobachtungszeit T der Dopplerschwingung, von einer gegebenenfalls aufgetretenen Änderung des Winkels $\alpha$ während dieser Zeit sowie von den statistischen Schwankungen der Rückstreufläche des Objekts und dem Signal-Stör-Verhältnis ab.

Dopplerradarsysteme für den Nahbereich mit Reichweiten bis etwa 150m können nach dem in Bild 4.1 gezeigten Homodynprinzip aufgebaut werden. In diesem Fall wird ein geringer Teil des Sendesignals als Überlagerungsoszillatorsignal für die Empfangsmischer benützt. Als niederfrequente Mischprodukte ergeben sich bei ruhendem Objekt Gleichspannungsoffsetwerte (Mischung auf die "Zwischenfrequenz" Null), die zum Kosinus bzw. Sinus des Phasenwinkels zwischen Sende-und Empfangssignal proportional sind. Die Empfindlichkeit des homodynen Dopplerradars wird neben dem thermischen Rauschen wesentlich durch die Rausch- und Störsignale beeinflußt, die im Spektrum des Sendeoszillators enthalten sind. Zur kontrollierten Beeinflussung des Überlagerungsoszillatorpegels und zur Vermeidung einer Zerstörung der Empfangsmischer durch ein zu großes Sendesignal ist eine hohe Übersprechdämpfung zwischen Sende- und Empfangszweig erforderlich. Diese läßt sich bei größeren Sendeleistungen nur durch Einsatz einer getrennten Sende- und Empfangsantenne erreichen.

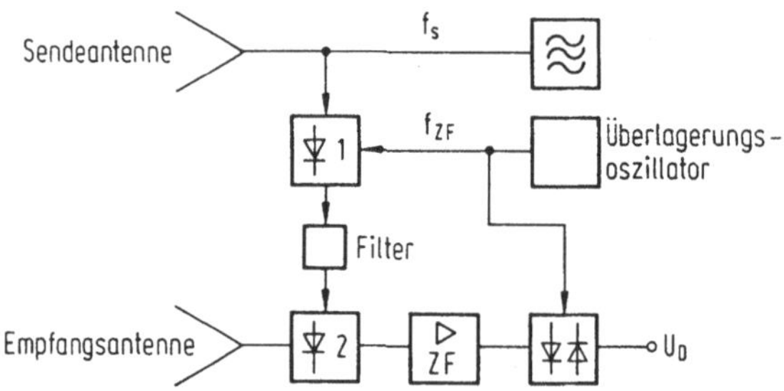


Bild 4.2. Dopplerradar mit zwischenfrequenzseitiger Signalaufbereitung

Das gilt auch für Dopplerradarsysteme nach Bild 4.2, die eine Zwischenfrequenz verwenden und damit den Einfluß der 1/f-Rauschseitenbänder des Sendeoszillators beseitigen. Die durch Verwendung eines Empfängers mit Zwischenfrequenz erzielbare Empfindlichkeitsverbesserung ist größer als 30 dB.

Dauerstrichradarsysteme werden zur schlupffreien Messung der Eigengeschwindigkeit von Fahrzeugen über Grund, zur Navigation in Flugzeugen (Dopplernavigator [4.3]), zur Geschwindigkeitsüberwachung (Polizeiradar [4.4]), zur Raumüberwachung (Einbruchwarnradar), als Annäherungszünder in Geschossen und neuerdings auch im industriellen Bereich zur berührungslosen Überwachung von Fertigungsabläufen eingesetzt.

Dauerstrichradarsysteme ohne Frequenzmodulation gestatten zwar die Messung von Entfernungsänderungen, ermöglichen aber nicht die Bestimmung der absoluten Entfernung. Das liegt daran, daß die Bandbreite des gesendeten Signals infinitesimal klein ist und daher kein Entfernungsauflösungsvermögen vorhanden ist. Die Phaseninformation aus Gl. (4.1) ist bezüglich der Entfernung durch die Periodizität mit der halben Wellenlänge mehrdeutig. Mehrere Objekte im Strahlungsfeld eines Dopplerradars sind nur voneinander zu trennen, wenn sie unterschiedliche Geschwindigkeiten aufweisen und die Beobachtungszeit nach Gl. (4.7) ausreicht. Aus diesem Grund sind die hier aufgeführten Verfahren stets nur auf Konfigurationen mit einem Objekt im Strahlungsfeld anwendbar.

Das gilt auch für das Doppler-Diplex-Verfahren[4.5], bei dem zwischen zwei benachbarten Sendefrequenzen $f_S$ und $f_S + \Delta f$ umgetastet wird. Man kann dieses Verfahren so betrachten, als würden zwei Dauerstrichradarsysteme eingesetzt und die Phasendifferenz $\varphi_D$ der Dopplerzeiger nach Gl. (4.9) miteinander verglichen, die man für das Objekt im Strahlungsfeld erhält.

$$\begin{aligned} \varphi_{D1} &= 2\pi\ 2r(t) \cdot f_S/c_0 \\ \varphi_{D2} &= 2\pi\ 2r(t) \cdot (f_S+\Delta f)/c_0 \end{aligned} \tag{4.9}$$

In diesem Fall erhält man die absolute Entfernung r aus Gl. (4.9) mit einem wesentlich größeren Eindeutigkeitsbereich $r_E$, der durch die der Frequenzdifferenz $\Delta f$ entsprechenden Wellenlänge nach Gl. (4.10) bestimmt ist.

$$r_E = c_0/(2\Delta f) \tag{4.10}$$

Auch dieses Verfahren besitzt wegen der kleinen Sendesignalbandbreite kein Auflösungsvermögen und kann daher nur für Szenen mit nur einem Objekt eingesetzt werden.

## 4.2 Dauerstrichradar mit Frequenzmodulation

Die für ein Auflösungsvermögen in radialer Richtung notwendige Bandbreite läßt sich beim Dauerstrichradar durch Frequenzmodulation erreichen. Verwendet man linear frequenzmodulierte Signale, so kann der Sendefrequenzverlauf nach Bild 4.3 durch folgende Beziehung beschrieben werden.

$$f(t) = f_S \pm \Delta F/T \cdot t \tag{4.11}$$

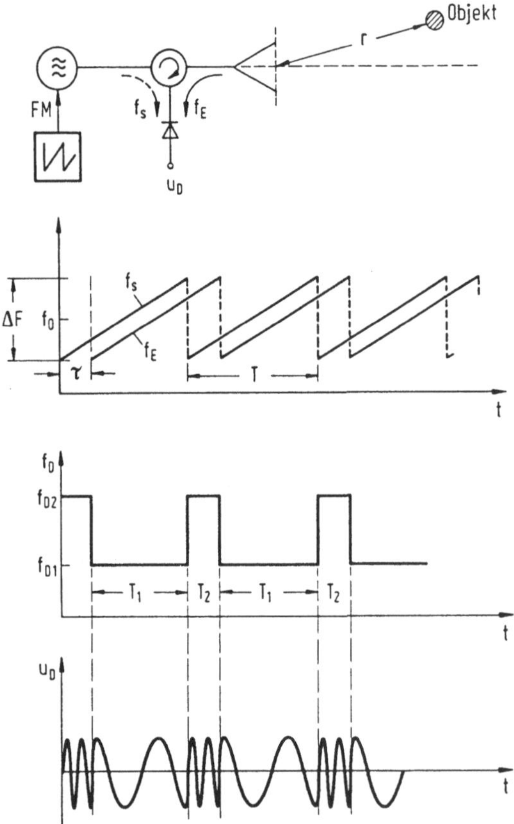


Bild 4.3. Signale und Frequenzverläufe bei sägezahnförmiger Frequenzmodulation

Den Phasenverlauf des Sendesignals erhält man durch Integration des Frequenzverlaufs nach Gl. (4.11).

$$\varphi(t) = 2\pi \cdot \int_0^t f(t')\,dt' = 2\pi \cdot f_S t \pm \pi \Delta F/T \cdot t^2 + \text{Phasenterm (zeitunabhängig)} \tag{4.12}$$

Sendesignal und Empfangssignal unterscheiden sich durch die Laufzeit $\tau$, die das Empfangsignal zum Objekt und zurück benötigt hat. Bei direkter Mischung beider Signale erhält man das niederfrequente Mischprodukt $u_D$ nach Gl. (4.13) wieder aus der Differenz der Signalphasen.

$$u_D(t) = U_D \cdot \cos[2\pi(\pm\Delta F/T \cdot \tau + f_S \tau - \Delta F \cdot \tau/2 \cdot \tau/T)] \tag{4.13}$$

Bei bewegten Objekten ist die Laufzeit $\tau$ von der Zeit t abhängig. Bei Bewegung mit konstanter Relativgeschwindigkeit v gilt Gl. (4.14), wenn der Abstand zwischen Radar und Objekt zum Zeitpunkt $t = 0$ gleich $r_0$ ist.

$$\tau = 2 \cdot r_0/c_0 + 2v \cdot t/c_0 \tag{4.14}$$

Die Momentanfrequenz des Mischprodukts ergibt sich durch Differentiation des Phasenverlaufs nach der Zeit für $f_d \ll f_S$ aus Gl. (4.13) und Gl. (4.14).

$$f_D(t) = 1/(2\pi) \cdot d\varphi_D/dt = \underbrace{2v/c_0 \cdot f_S}_{f_d} \pm \underbrace{\Delta F/T \cdot \tau}_{f_e} \tag{4.15}$$

Die Momentanfrequenz setzt sich aus einem geschwindigkeitsabhängigen Term $f_d$ und einem entfernungsabhängigen Term $f_e$ zusammen. Die Entfernungs- und Geschwindigkeitsinformation kann im Zeitbereich getrennt werden, wenn man eine dreiecksförmige lineare Frequenzmodulation verwendet. Dadurch wird periodisch das Vorzeichen der Entfernungsinformation geändert. Man erhält bei zeitlich getrennter Auswertung für ansteigende und abfallende Frequenz die Summe und die Differenz der beiden Informationen. Aus diesen kann unter Beachtung von möglichen Mehrdeutigkeiten Entfernung und Geschwindigkeit berechnet werden. Für $f_d < 1/(2T)$ ist diese Informationstrennung auch bei sägezahnförmiger Frequenzmodulation bei spektraler Auswertung durchführbar.

Durch die Periodizität mit der Modulationsdauer T nach Bild 4.3 handelt es sich beim Spektrum des Mischerausgangssignals nach Bild 4.4 um ein diskretes Spektrum mit Spektrallinien im Abstand 1/T. Die Hüllkurve der Spektrallinien ist für den Fall konstanter Signalamplitude eine sin(x)/x-Funktion mit der halben Hauptmaximumsbreite 1/T, die ihr Maximum bei der Frequenz $f_D$ nach Gl. (4.15) besitzt. Das Maximum der Hüllkurve und einzelne Spektrallinien fallen im allgemeinen Fall nicht zusammen. Vielmehr liegen die Spektrallinien bei unbewegtem Objekt im Abstand $n \cdot 1/T$ vom Frequenznullpunkt und erhalten bei bewegtem Objekt dazu einen Frequenzoffset, der durch die Dopplerfrequenz $f_d$ gegeben ist.

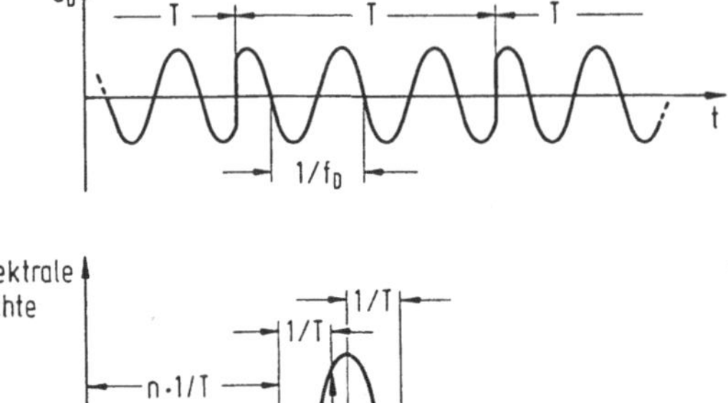


spektrale Dichte
1/T
1/T
n·1/T
$f_D$
f

Bild 4.4. Spektrum des Mischerausgangssignals für ein FM-Radar mit sägezahnförmiger Frequenzmodulation

Mehrere Objekte in unterschiedlicher Entfernung bewirken aufgrund der Linearität des Systems entsprechende Spektren bei unterschiedlichen Differenzfrequenzen. Zwei benachbarte Objekte können aufgelöst werden, wenn sich ihre Spektren nicht überlappen. Man definiert das Auflösungsvermögen an zwei Objekten mit gleicher Signalamplitude als den Abstand, bei dem sich bei Überlagerung gerade noch bzw. gerade nicht mehr zwei getrennte Maxima der Hüllkurve ergeben. Im Spektralbereich liegt dieser Abstand bei 1/T. Die zugeordnete Entfernungsdifferenz kann aus Gl. (4.16) berechnet werden. Für das Entfernungsauflösungsvermögen $\Delta r$ erhält man Gl. (4.17). Dieses Auflösungsvermögen hängt nur von der Signalbandbreite $B = \Delta F$ und nicht von den übrigen Modulationsparametern ab.

$$f_e = 1/T = \Delta F/T \; 2\Delta r/c_0 \tag{4.16}$$

$$\Delta r = c_0/(2\Delta F) \tag{4.17}$$

Bei nichtlinearer Frequenzmodulation ergibt sich eine Aufweitung des Spektrums und damit bei spektraler Auswertung eine Verschlechterung des Auflösungsvermögens mit zunehmender Entfernung. Diesem kann durch Regelschleifen zur Linearisierung entgegengewirkt werden. Das Dauerstrichradar mit sinusförmiger Frequenzmodulation wird für Aufgabenstellungen mit nur einem Objekt verwendet. In diesem Fall geschieht die Entfernungsbestimmung durch Zählen der Anzahl der während einer Modulationsperiode zu beobachtenden Schwingungszüge. Bei dieser Art der Signalauswertung kommt es auf die Momentanfrequenz und damit die Linearität der Frequenzmodulation nicht an.

## 4.3 Anwendungen des Dauerstrichradars

### 4.3.1 Höhenmesser für Flugzeuge

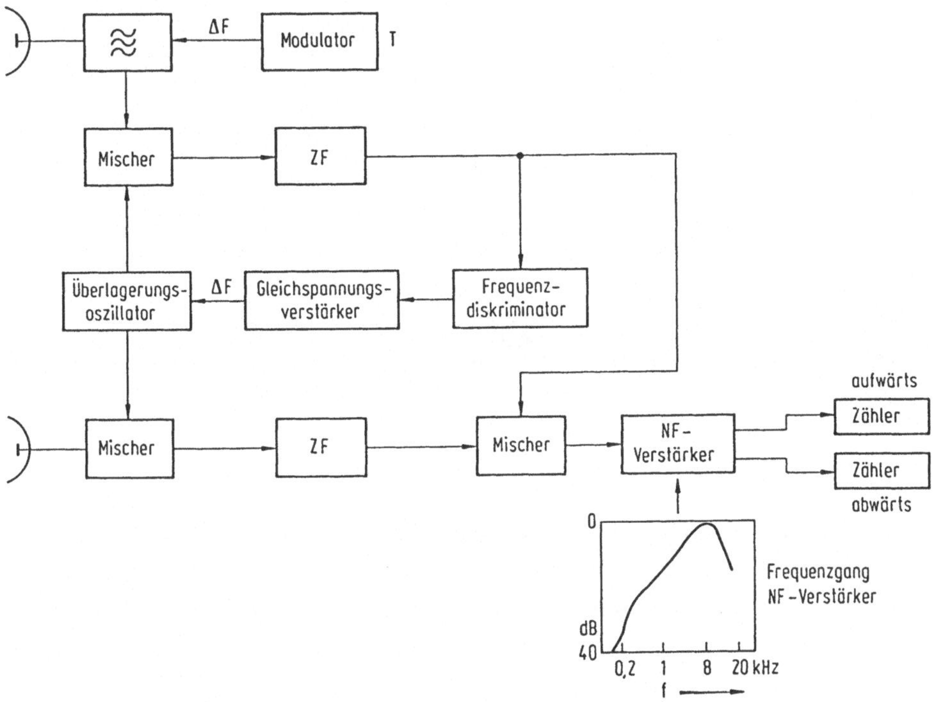


Bild 4.5. Blockschaltbild eines Radarhöhenmessers für Flugzeuge

Ein typisches Anwendungsbeispiel für ein Dauerstrichradar mit Frequenzmodulation ist der Radarhöhenmesser für Flugzeuge mit einem Blockschaltbild nach Bild 4.5. In diesem Fall wird das mechanisch in seiner Frequenz modulierte Magnetron mit einer

Sendeleistung von 1.5W zur Erzeugung der Strahlungsenergie verwendet. Die Energie wird über eine Antenne mit breitem Diagramm (typ. 60°) abgestrahlt. Damit erreicht man, daß der am stärksten zum reflektierten Signal beitragende Bereich der Erdoberfläche in der Umgebung des Spiegelpunktes in jeder Fluglage beleuchtet wird. Grundsätzlich führt diese Forderung nach einem breiten Antennendiagramm nach (2.9) bei konstanter Bündelung eigentlich zur Verwendung möglichst tiefer Frequenzen. Der verwendete Frequenzhub $\Delta F$ beträgt 70MHz, die Modulationsdauer 1/120 s und die Sendefrequenz 4.3GHz. Über Land erreicht man mit einem derartigen System die Funktionsfähigkeit bis zu einer Flughöhe von 3000m, über dem Meer beträgt die Reichweite 6000m. Die Genauigkeit der Höhenbestimmung liegt im Höhenbereich bis 13m bei 0.6m, darüber bei ±5% der Flughöhe.

## 4.3.2 Dopplernavigator für Flugzeuge

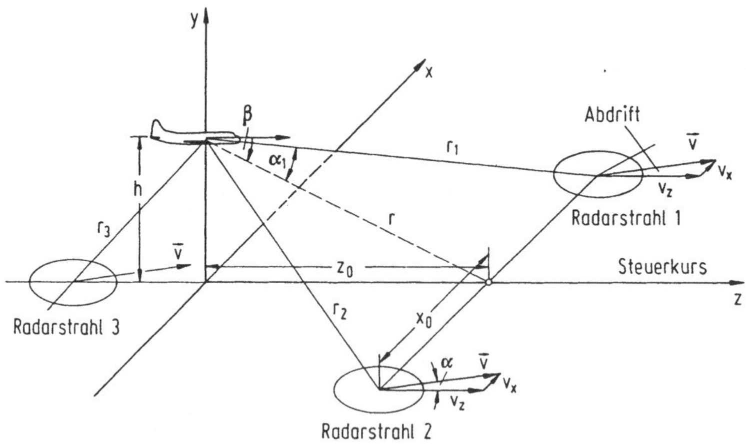


**Bild 4.6.** Prinzipbild eines Dopplernavigators

Für die Navigation mit dem Dopplereffekt werden drei oder mehr Antennenkeulen nach Bild 4.6 verwendet, mit denen verschiedene Punkte der Erdoberfläche unterhalb des Flugzeugs beleuchtet werden. Die Wirkungsweise wird an einem vereinfachten Schema nach Bild 4.7 veranschaulicht. In dieser zweidimensionalen Darstellung bewegt sich das Flugzeug unter einem Driftwinkel $\alpha$ über die Erdoberfläche. Es werden drei Bereiche auf der Erdoberfläche beleuchtet. Durch die Antennenanordnung sind die Winkel, unter denen diese Bereiche vom Flugzeug aus gesehen liegen, bekannt. Zum Dopplereffekt, der mit den einzelnen Keulen gemessen wird, tragen die sich in den beleuchteten Bereich befindenden Streuzentren auf der Erdoberfläche bei. Wirksam für den Dopplereffekt ist dabei immer die bezüglich des einzelnen Streuzentrum auftretende Abstandsänderung in Bezug auf das Flugzeug. In diesem einfachen Beispiel werden daher durch den Dopplereffekt die Komponenten des Geschwindigkeitsvektors des Flugzeugs in Richtung des jeweiligen Abstandsvektors gemessen.

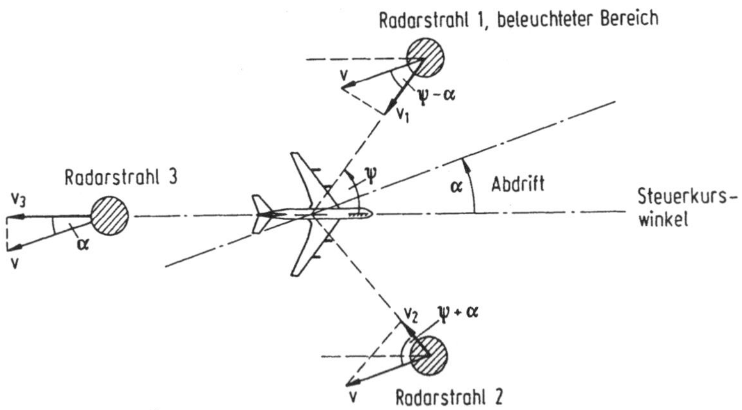


Bild 4.7. Zweidimensionales Bild zur Geschwindigkeitsmessung beim Dopplernavigator

Die beiden Radarstrahlen 1 und 2 liefern daher nach Bild 4.7 die Geschwindigkeitsinformationen

$$v_1 = v \cos(\psi-\alpha) = v\,(\cos\psi\cos\alpha + \sin\psi\sin\alpha)$$
$$v_2 = v \cos(\psi+\alpha) = v\,(\cos\psi\cos\alpha - \sin\psi\sin\alpha).$$

Aus den Gleichungen ist ersichtlich, daß bereits diese Informationen zur Bestimmung der Eigengeschwindigkeit v über Grund und des Abdriftwinkels $\alpha$ ausreichend sind. Der dritte Sensor ist bei einem realen System erforderlich, um auch den Effekt einer Flughöhenänderung mit zu berücksichtigen. Aus Geschwindigkeit und Winkel kann auf dem Wege der Koppelnavigation der zurückgelegte Weg über eine Kursreferenz (z.B. Kreiselkompaß) in eine Karte eingetragen werden und damit eine Darstellung der aktuellen Position erreicht werden. Die mit dieser Methode erreichbare Genauigkeit der Geschwindigkeitsmessung liegt über Land bei etwa 0.5% ($2\sigma$), über Meer bei 0.7%. Die erreichbare Genauigkeit der Positionsbestimmung ist auch von der Kursreferenz abhängig und liegt bei etwa 1 km pro Flugstunde.

Der Unterschied zwischen Land und Meer erklärt sich aus dem stärker spiegelnden Verhalten der Meeresoberfläche und der Tatsache, das über dem Meer lotnähere

Strahlen mit größerer Amplitude reflektiert werden, so daß der wirksame Beleuchtungswinkel gegenüber Landoberflächen etwas steiler ist.

Der im Bereich der einzelnen Radarkeule auftretende Geländeverlauf hat auf das Meßergebnis keinen Einfluß (Smooth Earth Paradoxon). Das liegt daran, daß sich zum empfangenen Dopplersignal stets die Beiträge einzelner Streuzentren überlagern. Diese Streuzentren können sind ortsfest und haben unabhängig von ihrer Lage auf dem Geländeprofil von Bild 4.8 die gleiche Relativgeschwindigkeit zum Flugzeug.

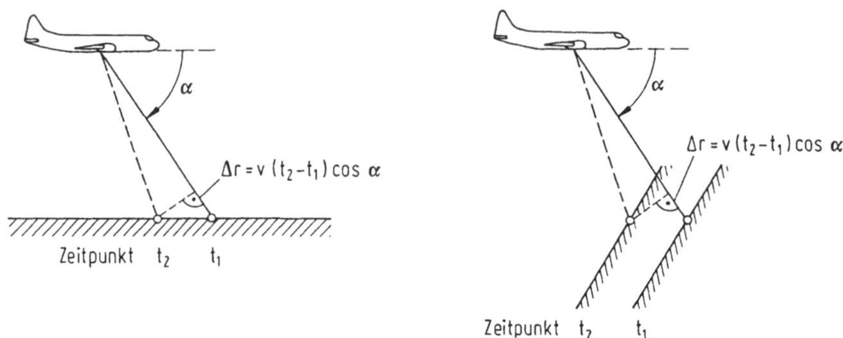


Bild 4.8. Abstandsänderung Δr in der Zeitspanne zwischen $t_1$ und $t_2$, Flugzeug ortsfest. Einfluß der Geländeoberfläche auf das Dopplersignal. a) Streuzentrum auf ebenem Gelände, b) Streuzentrum auf ansteigendem Gelände

Das entstehende Dopplerspektrum ist eine statistische Überlagerung der Beiträge vieler Streuzentren, die voneinander unabhängig sind. Aus diesem Grund sind die Leistungsspektren der Einzelbeiträge zu addieren. Das resultierende Gesamtspektrum hat dann die gleiche Breite wie das Spektrum eines einzelnen Streuzentrums. Die Breite des Einzelspektrums hängt nach Bild 4.9 einmal über die Beobachtungsdauer (Korrelationslänge $l_c$) für das Streuzentrum von der Antennenbündelung ab. Weiterhin kann die Änderung des Betrachtungswinkels α nach Bild 4.9 das Dopplerfrequenzspektrum aufweiten. Diese Einflußfaktoren sind in Gl. (4.18) und Gl. (4.19) getrennt dargestellt.

$$\Delta f_d/f_d = \sin\alpha \; \gamma_A \tag{4.18}$$

durch die Aspektwinkeländerung in der Antennenkeule

$$\Delta f_d/f_d = \tan\alpha \; \lambda/(4r)\cdot 1/\gamma_A \tag{4.19}$$

durch die endliche Beobachtungsdauer

Da beide Effekte gegenläufig sind, gibt es eine optimale Strahlbreite, die aus den Gln.(4.18) und (4.19) ermittelt werden kann.

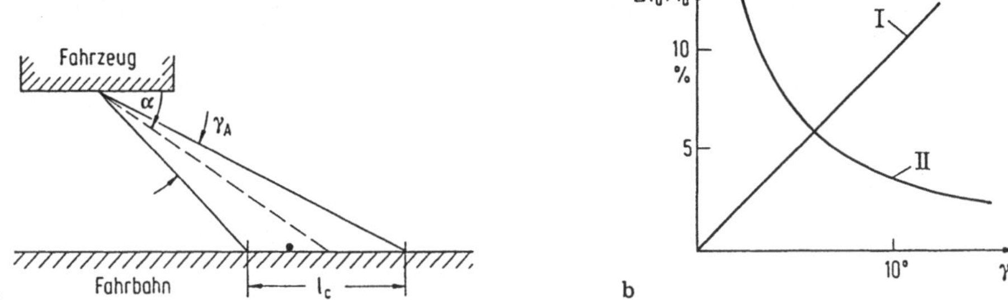


Bild 4.9 Einfluß des Antennenöffnungswinkels auf die Aufweitung des Dopplerspektrums. a) Geometrische Beschreibung, b) Dopplerfrequenzaufweitung (I durch cos$\alpha$, II durch Korrelationslänge $l_c$) für $\alpha = 35°$ und $r/\lambda = 30$

## Literatur zu Kapitel 4

[4.1] Gupta, P.D.: Exact derivation of the Doppler shift formula for a radar echo without using transformation equations. Am. J. Phys. 45 (1977), S. 674-675.

[4.2] Knop, C.: A note on Doppler-Shifted Signals. Proc. IEEE (1966), S. 807-808.

[4.3] Hug, H. et al.: Bordautonomer Doppler-Navigator für Hubschrauber. NTZ 36 (1983), S. 148-154.

[4.4] Hormann, G.: Die Radar-Verkehrssonde RVS-1. Telefunken-Zeitg. 39 (1966), S. 175-186.

[4.5] Boyer, W.: A Diplex Doppler Phase Comparison Radar. IEEE Trans. ANE (1963), S. 27-33.

# 5 MTI- und Puls-Doppler-Radar

## 5.1 Aufgaben und Unterscheidung

Bei der Realisierung von Impulsradarsystemen wurde bereits in den Anfängen der Entwicklung deutlich, daß neben der Empfängerempfindlichkeit die auftretenden Störechos (Clutter) die Leistungsfähigkeit wesentlich beeinflussen. Als Störechos werden alle unerwünschten Empfangssignale betrachtet. Störechos können von Gebirgen, Küstenlinien, Meeresoberflächen, Gebäuden, Niederschlagsgebieten usw. hervorgerufen werden.

Grundsätzlich ist zur Verminderung der Störechoeinflüsse ein möglichst hohes Auflösungsvermögen für alle erfaßten Objektparameter anzustreben. Damit sinkt die Wahrscheinlichkeit, daß Nutz- und Störechos in die gleiche Auflösungszelle fallen und nicht mehr voneinander getrennt werden können. Bei volumen- oder flächenhaften Störechoursachen sinkt mit der Größe der räumlichen bzw. flächenhaften Auflösungszelle die Störleistung, während der Beitrag eines Nutzobjektes, das in der Regel wesentlich kleiner als die Auflösungszelle ist, erhalten bleibt. Als Unterscheidungskriterien zwischen Nutz- und Störsignalen spielt neben der Positionsinformation der Parameter Geschwindigkeit, der über den Dopplereffekt zugänglich ist, eine wichtige Rolle. In neuerer Zeit werden Überlegungen angestellt, ob mit einer Auswertung der Polarisationsinformation (vgl. Kap. 2.7.4) eine weitere Verbesserung des Signal- und Störechoabstandes erreichbar ist.

Die folgenden Abschnitte befassen sich mit der Erfassung und Verarbeitung der Geschwindigkeitsinformation beim Impulsradar.

Durch die Auswertung der Phaseninformation beim kohärenten oder teilkohärenten Radar (Kap. 2.2) kann neben der Entfernungsinformation auch die Objektgeschwindigkeit erhalten werden. Diese Geschwindigkeitsinformation wurde zunächst nur zur Unterdrückung der Anzeige unbewegter Objekte verwendet, weil dies für die

Aufgabenstellung Luftraumüberwachung notwendig war, um die bewegten Objekte (Flugzeuge) mit ihren kleineren Rückstreuflächen in den Echos der festen Objekte (Gebäude, Berge, Küstenlinien) überhaupt zu erkennen. Daher wurden die grundlegenden Konzepte für die Festzielunterdrückung - im englischen Sprachgebrauch *MTI* = *Moving Target Indication* (Bewegtzielanzeige) - bereits im 2. Weltkrieg entwickelt. Die Umsetzung der theoretischen Überlegungen in die Praxis war allerdings zunächst aufgrund fehlender Bauelemente und Verfahren zur Signalverarbeitung nur sehr begrenzt möglich und konnte erst im Verlauf der anschließenden 30 Jahre durch die Fortschritte der digitalen Signalverarbeitung voll verwirklicht werden. Die Bezeichnung MTI-Radar ist für die Anwendung der Festzielunterdrückung beim Rundsuchradar kennzeichnend. Dabei werden in der Regel Verzögerungsleitungen zur Festziellöschung verwendet und die Impulsfolgefrequenz $1/T_p$ wird so gewählt, daß eine eindeutige Entfernungsbestimmung nach (2.20) möglich ist.

Die Bezeichnung Puls-Doppler-Radar kommt mehr von der Anwendung Bordradar her, bei dem der voraus liegende Bereich von einem bewegten Träger (Flugzeug, Schiff) aus überwacht werden soll. Für diese Systeme ist kennzeichnend, daß Objekte von Störechos (Clutter) durch ihre unterschiedliche Geschwindigkeit getrennt werden können. Dazu ist eine vollständige Rekonstruktion des Dopplerschwingungszuges notwendig. Man ist daher zur Einhaltung des Abtasttheorems [5.1] gezwungen, den Impulsabstand so kurz zu wählen, daß während eines Dopplerschwingungszuges mindestens zwei Empfangsimpulse für die Weiterverarbeitung zur Verfügung stehen.

In der Praxis unterscheidet man verschiedene Pulsdoppleranlagen danach, inwieweit die Forderungen nach eindeutiger Information eingehalten werden. Anlagen mit niedriger Pulsfolgefrequenz sind solche, die eine eindeutige Entfernungsinformation liefern. Anlagen mit mittlerer Pulsfolgefrequenz sind sowohl hinsichtlich der Entfernung als auch der Dopplerinformation mehrdeutig. Für das eigentliche Puls-Doppler-Radar wird angestrebt, die Impulsfolgefrequenz so festzulegen, daß die Geschwindigkeit der Objekte eindeutig bestimmt werden kann. Anlagen, die diese Bedingung erfüllen, werden als solche mit kurzer Impulsfolgefrequenz bezeichnet. Bei diesen müssen dann erhebliche Mehrdeutigkeiten in der Entfernung in Kauf genommen werden.

Die beim Puls-Doppler-Radar in der Regel eingesetzte Methode der Signalverarbeitung verwendet Entfernungstorschaltungen und führt eine Spektralanalyse zur Bestimmung der Dopplerfrequenz durch. Trotz der genannten Unterschiede verwenden beide Verfahren dasselbe physikalische Prinzip.

## 5.2 MTI-Radar

Wie bereits beim Dauerstrichradar ohne Frequenzmodulation nach Kap. 4.1 ersichtlich, beinhaltet das empfangene Signal in seiner Phase eine mehrdeutige, aber präzise Information über die Entfernung des beleuchteten Objekts. Diese Phaseninformation nach (4.1) kann auch bei einem impulsförmigen Sendesignals erhalten und ausgewertet werden, wenn man das Empfangssignal kohärent verarbeitet. Es ergibt sich ein impulsförmiges Empfangssignal, das man sich als Abtastwert eines äquivalenten Dauerstrichsignals vorstellen kann. Der Abtastsimpuls besitzt Sendeimpulslänge und tritt abhängig von der Objektentfernung nach der Laufzeit $\tau$ am Empfängerausgang nach Bild 5.1 auf. Ist das Abtasttheorem eingehalten worden, kann aus der Folge der Abtastimpulse aus einer Entfernungszelle wieder das kontinuierliche Dopplersignal rekonstruiert werden. Das bedeutet, daß am Empfängerausgang neben der Amplitudeninformation letztendlich auch die Phasendifferenz zwischen Sendesignal und Empfangssignal, z.B. in Form eines Real- und Imaginärteilsignals nach (4.2) und (4.3), zur Verfügung steht. Im Fall eines unbewegten Objektes ändert sich die Phase am Empfängerausgang nicht, die Ausgangssignale sind Gleichspannungen. Bewegt sich das Objekt, so beobachtet man eine kontinuierliche Phasenänderung, die pro Entfernungsänderung um eine halbe Wellenlänge 360° beträgt. Bei Bewegung mit konstanter Geschwindigkeit ist diese Phasenänderung zeitlinear. Das zugehörige sinusförmige Signal ist das Dopplersignal.

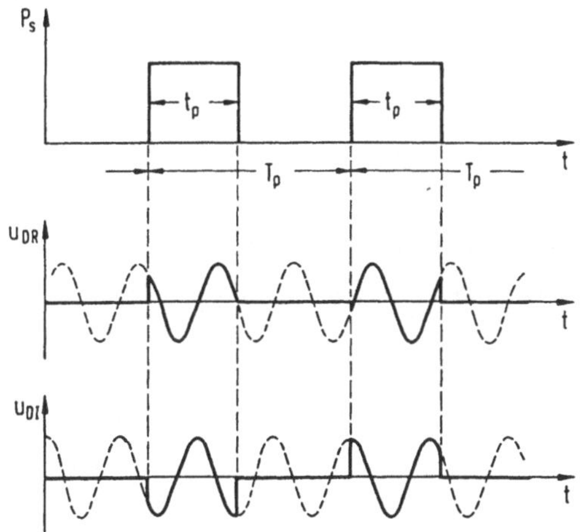


Bild 5.1. Empfängerausgangssignal beim MTI-Radar (Video-Ebene).

a) Sendeimpulsamplitude, b) Realteil des Ausgangssignals eines bewegten Objekts ($f_d > 1/T_p$),

c) Imaginärteil des Ausgangssignals ($f_d > 1/T_p$).

Wenn ein bewegtes Objekt vorliegt, sind die Empfangsimpulse von Sendeimpuls zu Sendeimpuls in ihrer Phasenlage verschieden. Zur Erkennung und Unterdrückung von Festzielen kann daher eine Schaltung gewählt werden, die aufeinanderfolgende Empfangsimpulse miteinander vergleicht und bei Übereinstimmung löscht. In Bild 5.2 ist für ein feststehendes und ein mit einer Dopplerfrequenz $f_d < 1/T_P$ langsam bewegtes Objekt der Verlauf des Empfängerausgangssignals für mehrere Sendeimpulsperioden dargestellt. Bei einer Überlagerung der Empfangsignale aus verschiedenen Sendeimpulsperioden erhält man die Darstellung aus Bild 5.2c, die sich z.B. ergäbe, wenn man das Empfangssignal mit einem Oszillographen betrachtet, der mit den Sendetaktimpulsen getriggert wird. Die Schwankungen der Amplitude des bewegten Ziels, die dem Verlaufs der Dopplerschwingung entsprechen, bezeichnet man als "*Butterfly*-Effekt".

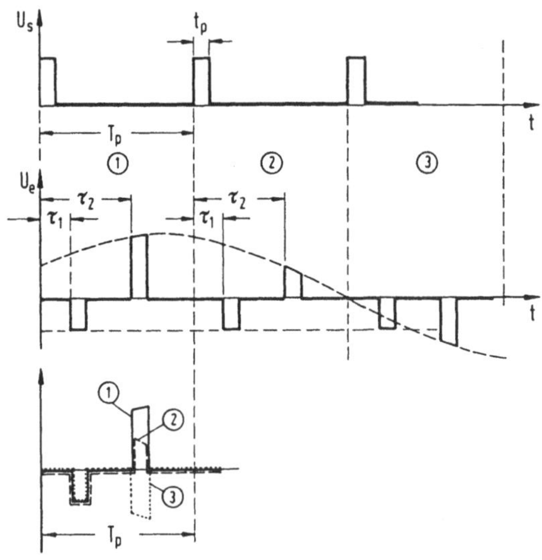


Bild 5.2. Empfangssignale für ein festes und ein bewegtes Ziel ($f_d < 1/T_p$).a) Sendeimpulsamplitude, b) Realteil des Empfängerausgangssignals, c) Oszillographendarstellung (*A-scope*-Darstellung)

Zur Unterdrückung der Ziele mit fester Amplitude bietet sich die Verwendung einer Verzögerungsleitung nach Bild 5.3 an, die den Empfangsimpuls um die Zeitdauer des Sendeimpulsabstandes $T_P$ verzögert und in einer Summationsschaltung vom nächsten Impuls subtrahiert. Diese Art der Signalverarbeitung durch Phasenvergleich zwischen aufeinanderfolgenden Impulsen kann nicht nur in der Videoebene nach dem Phasengleichrichter erfolgen, sondern auch bereits in der Zwischenfrequenzebene. In diesem Fall liegen die Empfangsimpulse bei der um die Dopplerfrequenz verschobenen Zwischenfrequenz, bei einem unbewegten Objektes auf der Zwischenfrequenz.

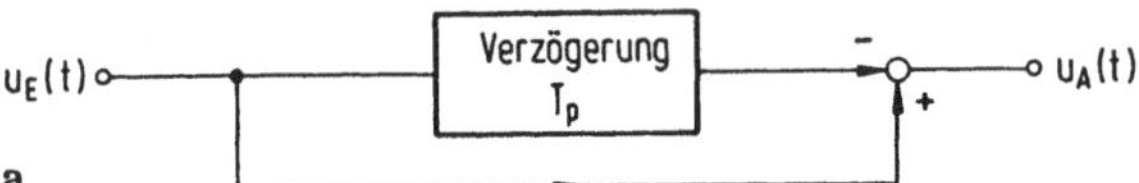


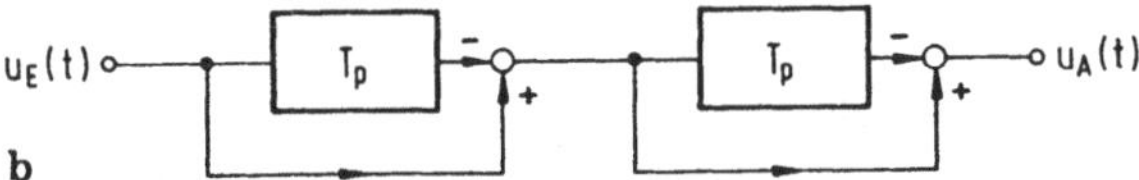


Bild 5.3. Schaltung zur Unterdrückung von Festzielen (MTI). a) mit einer Verzögerungsleitung, b) mit zwei Verzögerungsleitungen.

Die Beziehung zwischen dem Ausgangssignal $u_A(t)$ und dem Eingangssignal $u_E(t)$ einer solchen Schaltung zur Festzielunterdrückung beschreibt Gl. (5.1) im Zeitbereich.

$$u_A(t) = u_E(t) - u_E(t-T_P) \tag{5.1}$$

Eine Fouriertransformation [5.2] in den Spektralbereich ergibt unter Verwendung des Verschiebungssatzes die Übertragungsfunktion S(f) nach 5.2, die in Bild 5.4 dargestellt ist.

$$S(f) = U_A(f)/U_E(f) = 1 - \exp(-j2\pi fT_P) \tag{5.2}$$

Man erkennt, daß es sich um ein Kammfilter handelt, das periodisch Nullstellen der Übertragungsfunktion bei Vielfachen der Impulsfolgefrequenz $1/T_p$ aufweist. Dementsprechend werden nicht nur Festziele mit der Dopplerfrequenz Null, sondern auch bewegte Objekte mit einer Dopplerfrequenz, die einem Vielfachen der Impulsfolgefrequenz entsprechen, unterdrückt. Die zugehörigen Radialgeschwindigkeiten nennt man Blindgeschwindigkeiten $v_{Bl}$. Sie sind nach Gl. (5.3) dadurch gegeben, daß das Objekt während des Zeitraums zwischen zwei Sendeimpulsen genau eine halbe Wellenlänge oder ein Vielfaches davon zurücklegt.

$$v_{Bl} \cdot T_P = n \cdot \lambda/2 \tag{5.3}$$

$$n = 1,2,3,\ldots$$

Durch Staffelung der Impulsfolgefrequenz (*Staggering*) kann der Impulsabstand periodisch oder pseudozufällig geändert werden. Auf diese Weise ergibt sich eine von Impulsabstand zu Impulsabstand unterschiedliche Blindgeschwindigkeit. Man erreicht damit, daß bewegte Objekte unabhängig von ihrer Geschwindigkeit auf jeden Fall entdeckt werden. Die erste dann wirksame Blindgeschwindigkeit tritt beim kleinsten gemeinsamen Vielfachen der Impulsfolgefrequenzen auf und kann damit außerhalb des Bereichs der vorkommenden Objektgeschwindigkeiten liegen.

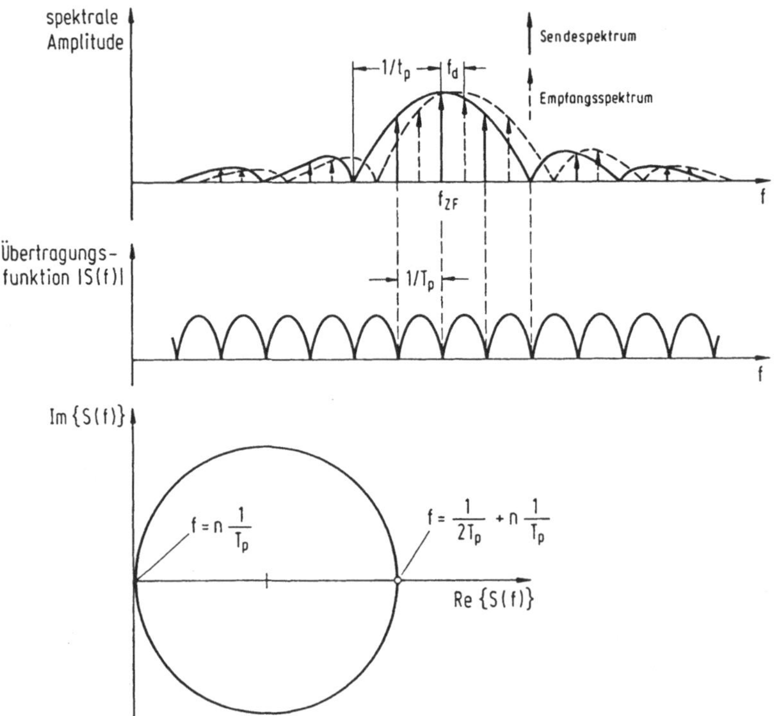


Bild 5.4. Übertragungsfunktion eines MTI-Filters. a) Zwischenfrequenzsignalspektrum bei einem bewegten Objekt, b) Betrag der Übertragungsfunktion, c) Übertragungsfunktion in der komplexen Ebene.

Die durch das MTI-Filter mit nur einer Verzögerungsleitung erreichbare Übertragungscharakteristik nach Gl. (5.2) ist nicht ideal, weil sehr langsam bewegte Objekte zwar mit geringerer Amplitude, aber dennoch übertragen werden. Ideal wäre eine rechteckförmige Durchlaßcharakteristik, die alle bewegten Vorgänge vollständig unterdrückt, die zu Dopplerfrequenzen führen, die niedriger als eine vorgegebene Schwelle sind. Die annähernde Realisierung solcher Übertragungsfunktionen ist heute ein Problem der Digitalfiltertheorie [5.3], die mit Hilfe der z-Transformation [5.4] eine wirkungsvolle Dimensionierung gestattet. Die entstehenden rekursiven und nichtrekursiven Laufzeitfilter [5.5] sind bei digitaler Realisierung hinsichtlich ihres Dynamikbereiches zu untersuchen.

## 5.3 MTI-Radar mit Entfernungstoren und Filtern

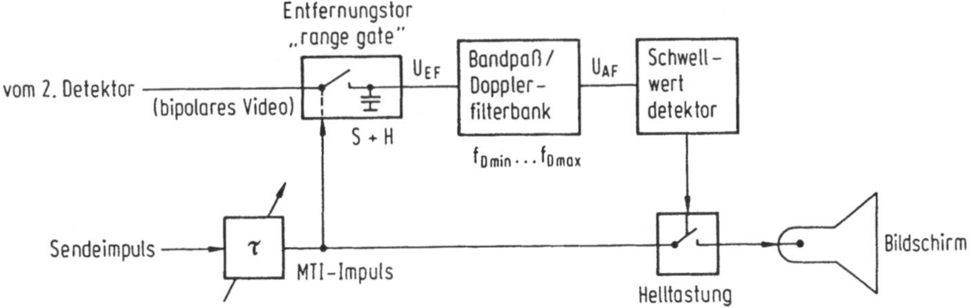


Bild 5.5. Prinzipschaltbild des MTI-Radars mit Entfernungstorschaltung und Filtern.

Eine weitere Möglichkeit der Signalauswertung zur Bewegtzielerkennung besteht darin, daß im Unterschied zum klassischen MTI-Verfahren zunächst eine laufzeitmäßige Trennung der Empfangsimpulse und erst anschließend eine Unterscheidung nach der Dopplerfrequenz vorgenommen wird. Wie aus Bild 5.5 ersichtlich, benötigt das Verfahren keinen Quadraturkanal. Das bipolare Realteilsignal wird einer Entfernungstorschaltung zugeführt. Dabei handelt es sich um einen vom sog. MTI-Impuls gesteuerten Schalter. Während des Erwartungszeitraumes für das Eintreffen des Empfangsimpulses wird zu einer Halteschaltung durchgeschaltet. Durch Tiefpaßfilterung wird das Dopplersignal rekonstruiert, das anschließend einer Filterbank zugeführt wird, die nur die gewünschten Dopplerfrequenzen durchläßt. Liegt die Dopplerfrequenz im Durchlaßbereich eines Filters, liefert der Detektor am Filterausgang eine Spannung, die bei Überschreiten eines vorzugebenden Schwellwerts dazu verwendet wird, den MTI-Impuls zur Helltastung des Bildpunktes zur Bildröhre durchzuschalten.

Dieses Verfahren hat den Vorteil, daß bei Verwendung einer Filterbank auch mehrere Nutz- und Störobjekte, die sich mit unterschiedlicher Geschwindigkeit in gleicher Entfernung befinden, unterschieden werden können. Von Nachteil ist, daß bei Beschränkung auf eine Entfernungstorschaltung immer nur eine Entfernungszelle ausgewertet werden kann. Hauptanwendung ist daher die Zielverfolgung (s. Kap. 6), bei der nur ein Objekt erfaßt werden soll und über Nachführalgorithmen die fortlaufende Einstellung der zu erwartenden Laufzeit $\tau$ und damit der Entfernung möglich ist.

## 5.4 Puls-Doppler-Radar

Das Puls-Doppler-Radar kann wie das MTI-Radar als Abtastverfahren für die von bewegten Objekten erzeugten Dopplersignale eines Dauerstrichradars verstanden werden. Aus diesem Grund können die auftretenden Signale zunächst als Dauerstrichsignale beschrieben werden. Sende- und Empfangssignal unterscheiden sich nach Gl. (5.4) durch die Phasenverschiebung, die durch die Strecke 2r bewirkt wird, die das Empfangssignal zusätzlich zurückgelegt hat.

$$u_S = U_S \cdot \cos(2\pi f_S t)$$
$$u_E = U_E \cdot \cos(2\pi f_S t - 2\pi\, 2v/\lambda\, t - 2\pi\, 2r_0/\lambda) \tag{5.4}$$

v : Radialgeschwindigkeit des Objekts

$r_0$ : Entfernung des Objekts zum Zeitpunkt t=0

Bei Umsetzung in die Zwischenfrequenzebene mit Hilfe des stabilen Oszillators (STALO) nach Bild 2.3 bleibt die Phaseninformation in Gl. (5.4) erhalten.

$$u_{ZF} = U_{ZF} \cdot \cos(2\pi f_{ZF} t - 2\pi \cdot 2v/\lambda \cdot t - 2\pi \cdot 2r_0/\lambda)$$
$$f_{ZF} = |f_S - f_{St}|$$

Durch Mischung des Zwischenfrequenzsignals mit zwei um 90° phasenverschobenen Schwingungen, die vom kohärenten Oszillator (COHO) abgeleitet werden, erhält man schließlich die komplexe Signalinformation nach Real- und Imaginärteil im Basisband oder Videobereich nach Gl. (5.5).

$$u_R = U \cdot \cos(2\pi \cdot 2v/\lambda \cdot t + 2\pi \cdot 2r_0/\lambda) \tag{5.5}$$
$$u_I = U \cdot \sin(2\pi \cdot 2v/\lambda \cdot t + 2\pi \cdot 2r_0/\lambda)$$

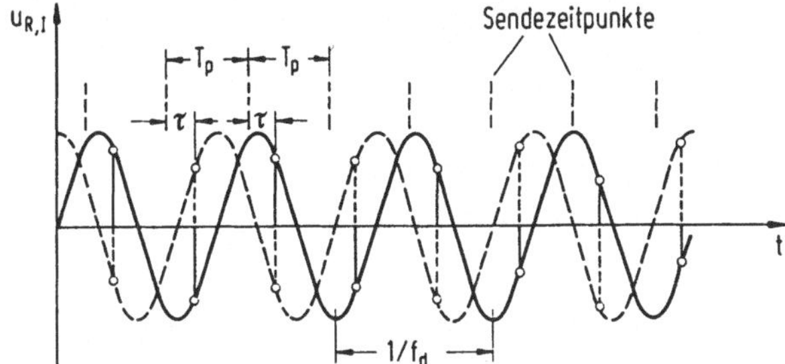


Bild 5.6. Betrachtung des Pulsdopplerradars als Dauerstrich-Radar mit Abtastung

Beim realen Puls-Doppler-System sind nur die Abtastwerte dieser Dopplerschwingungen verfügbar. Die Abtastung erfolgt periodisch, wobei der Abtastzeitpunkt für die Dopplerschwingung des einzelnen Objekts von dessen Entfernung nach Bild 5.6 abhängig ist. Objekte in verschiedener Entfernungen sind zwar durch ihre unterschiedliche Laufzeit getrennt, aufgrund der Mehrdeutigkeiten bei der Laufzeitbestimmung ist aber keine eindeutige Entfernungszuordnung möglich. Im Gegensatz dazu ist für das klassische Puls-Doppler-Radar kennzeichnend, daß das Abtasttheorem eingehalten wird, d.h. die Impulsfolgefrequenz wird nach Gl. (5.6) so gewählt, daß während eines Schwingungszugs mit der maximalen Dopplerfrequenz $f_{dmax}$ mindestens zwei Abtastvorgänge stattfinden.

$$f_p > 2 \cdot f_{dmax} \tag{5.6}$$

Diese Bedingung ist einschneidender als die für den zur Vermeidung von Blindgeschwindigkeiten erforderlichen Impulsabstand nach Gl. (5.3). Dafür ist aber gewährleistet, daß bei geeigneter Signalaufbereitung die kontinuierliche Dopplerschwingung aus den Abtastwerten wieder rekonstruiert werden kann. Mehrere Objekte mit unterschiedlicher Geschwindigkeit in einer Entfernungszelle können anschließend durch eine Spektralanalyse unterschieden werden.

Die mit der hohen Impulsfolgefrequenz entstehenden Mehrdeutigkeiten in der Entfernung können durch die Anwendung einer variablen Impulsfolgefrequenz beseitigt werden. Verwendet man N geeignet gestaffelte Impulsfolgefrequenzen, so können die Entfernungen von (N-1) Objekten, die sich gleichzeitig im Radarstrahl befinden, eindeutig festgestellt werden. Der Preis, der dafür zu zahlen ist, ist ein erhöhter Aufwand bei der Signalverarbeitung und eine Verringerung der verfügbaren Integrationszeit, die einen Verlust an Empfindlichkeit mit sich bringt. Ist $r_{E1}$ der entfernungsmäßige Eindeutigkeitsbereich, der mit der ersten Impulsfolgefrequenz $f_{p1} = 1/T_{p1}$ erreicht werden kann, so bekommt man mit N verschiedenen Impulsfolgefrequenzen einen Eindeutigkeitsbereich von

$$r_{Emult} = r_{E1} \frac{T_{p2}}{T_{p2}-T_{p1}} \cdot \frac{T_{p3}}{T_{p3}-T_{p2}} \cdot \frac{T_{pN}}{T_{pN}-T_{pN-1}}$$

wobei die verwendeten Impulsabstände $T_{pi}$ der Größe nach geordnet und numeriert wurden.

Die für ein Pulsdopplerradar an Bord eines Flugzeugs erforderliche Signalverarbeitung kann man sich an Hand des auftretenden Empfangssignalspektrums überlegen. Dazu wird nach Bild 5.7 davon ausgegangen, daß der Radarstrahl in Flugrichtung schräg nach unten geneigt sei und auch die Erdoberfläche beleuchtet. Die einzelnen Bereiche der Erdoberfläche werden entsprechend ihrer Relativgeschwindigkeit zu einem Störspektrum beitragen, das bis zu einer durch die Eigengeschwindigkeit $v_F$ des Flugzeugs über Grund nach Gl. (5.7) gegebenen maximalen Dopplerfrequenz $f_{Clmax}$ reicht.

$$f_{Clmax} = 2 \cdot v_F / \lambda \qquad (5.7)$$

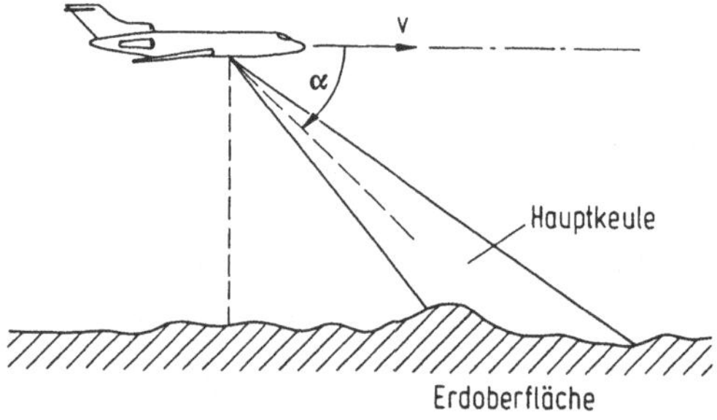


Bild 5.7. Puls-Doppler-Radar, geometrische Verhältnisse.

Bild 5.8 zeigt auf einer Karte der als eben angenommenen Erdoberfläche die Linien konstanter Dopplerfrequenz, sowie die Mehrdeutigkeiten, die in der Entfernung aufgrund der hohen Impulsfolgefrequenz auftreten. Die schraffiert gekennzeichneten Bereiche sind über die Entfernungs- und die Dopplerauswertung nicht voneinander zu unterscheiden.

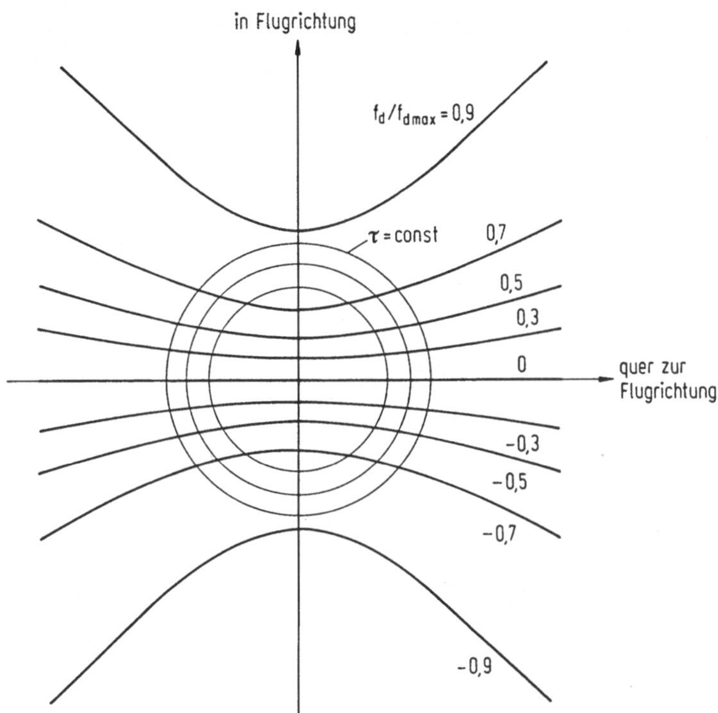


Bild 5.8. Linien konstanter Dopplerfrequenz und Kreise konstanter Laufzeit auf der Erdoberfläche bei Eigengeschwindigkeit $v_F$.

Positive und negative Dopplerfrequenzen entsprechen den Oberflächenbereichen vor bzw. hinter dem Flugzeug, die damit unterschieden werden können. Eine Links-Rechts-Unterscheidung von Clutter- oder Nutzsignalen ist dagegen nur mit Hilfe des Antennendiagramms und nicht aufgrund des Dopplereffekts möglich, weil sich der Relativabstand zwischen Flugzeug und symmetrisch zur Flugspur liegenden Objekten in gleicher Weise ändert.

Bild 5.9 zeigt das typische Empfangspektrum eines Puls-Doppler-Bordradars, wobei für die Signalverarbeitung beim Puls-Doppler-Radar nach Bild 5.10 kennzeichnend ist, daß nur der Spektralbereich in der Umgebung einer Spektrallinie ausgewertet wird, der in Bild 5.9b genauer dargestellt ist. Man erkennt zunächst den ausgedehnten Bodenclutterbereich, der sich zwischen $-f_{Clmax}$ und $+f_{Clmax}$ erstreckt und in dem zwei ausgeprägte Maxima auftreten. Das spektrale Maximum bei der Dopplerfrequenz Null kann dem spiegelnd reflektierenden Bereich senkrecht unter dem Flugzeug zugeordnet werden, der die Relativgeschwindigkeit Null besitzt. Wegen der spiegelnden Reflexion an der Erdoberfläche ist der auftretende Signalpegel so groß, daß dieser Beitrag auch bei hoher Nebenkeulendämpfung der verwendeten Antenne sichtbar wird. Das zweite Maximum des Störspektrums stammt aus dem Bodenbereich, der von der Hauptkeule beleuchtet wird und tritt in etwa bei $f_d = f_{Clmax} \cos\alpha$ auf, wenn $\alpha$ der Neigungswinkel der Hauptkeule gegenüber der Horizontalen nach Bild 5.8 ist.

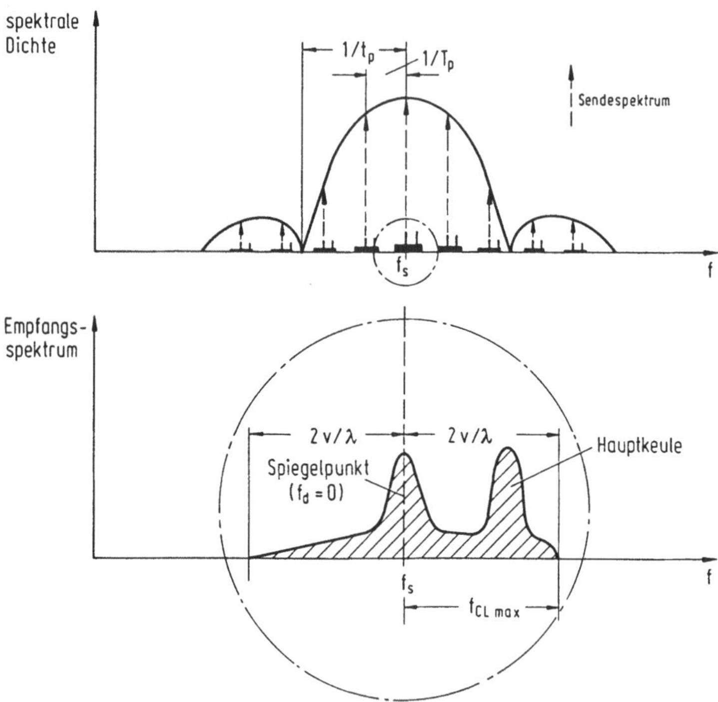


Bild 5.9. Empfangsspektrum eines Puls-Doppler-Radars.
a) Gesamtspektrum, b) Ausschnitt aus dem Empfangsspektrum.

Außerhalb des Bereiches des Störspektrums ist die Empfindlichkeit durch das thermische Rauschen bestimmt. Die Erkennbarkeit von bewegten Zielen im Radarstrahl hängt von der Größe der spektralen Amplituden ihres Dopplersignals in diesem Störspektrum und damit von ihrer Relativgeschwindigkeit ab.

Bild 5.10 zeigt eine typische Anordnung zur analogen Signalverarbeitung für ein Puls-Doppler-Radar. Die Auswertung erfolgt hier im Zwischenfrequenzbereich. Nach Durchlaufen der üblichen Umsetzung in den Zwischenfrequenzbereich werden durch einen während des Sendeimpulses offenen Schalter nicht vollständig unterdrückte

Restsignale des Sendeimpulses beseitigt. Anschließend werden mit Hilfe einer oder mehrerer Entfernungstorschaltungen die einer bestimmten Laufzeit zugeordneten Empfangsimpulse ausgewählt und nach Verstärkung einem Einseitenbandfilter zugeführt. Dies stellt aus den Empfangsimpulsen, die als Amplitudenmodulation einer um die Dopplerfrequenz verschobenen Zwischenfrequenzschwingung aufgefaßt werden können, durch Abspaltung eines Seitenbandes eine kontinuierliche Schwingung her.

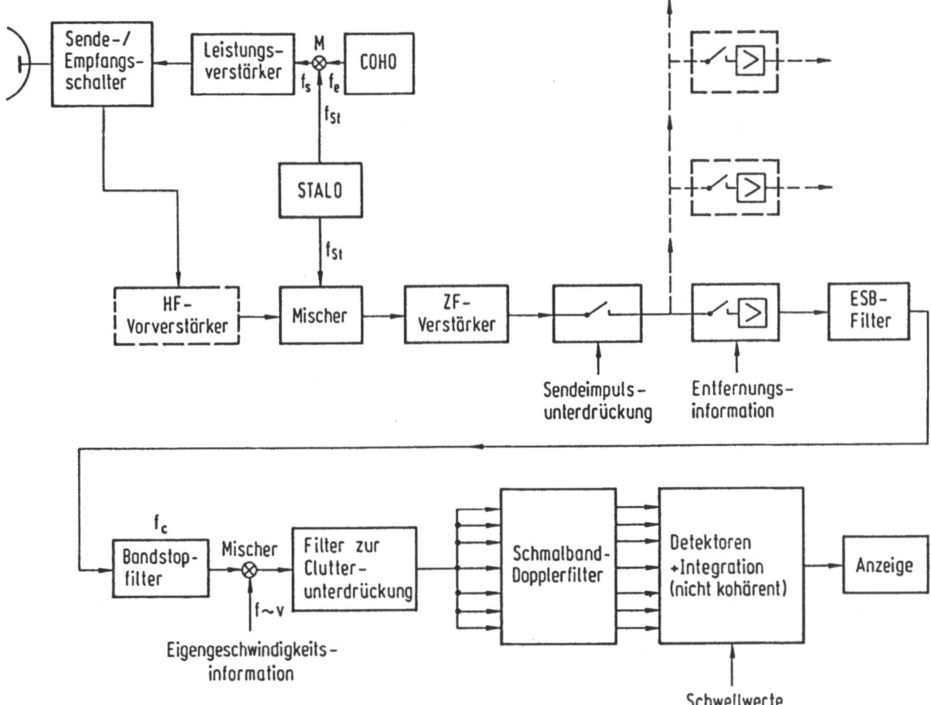


**Bild 5.10. Blockschaltbild eines Pulsdopplerradars mit analoger Signalverarbeitung.**

Ein Bandsperrfilter auf der Zwischenfrequenz eliminiert anschließend den Beitrag des Bodenechos vom Spiegelpunkt, der die Dopplerverschiebung Null besitzt. Das verbleibende Spektrum wird durch Mischung mit einem Überlagerungsoszillatorsignal variabler Frequenz im Laufe der weiteren Verarbeitung abhängig von der Eigengeschwindigkeit so verschoben, daß der Bodenclutter aus der Hauptkeule durch ein weiteres Sperrfilter mit festem Sperrfrequenzbereich von der Signalverarbeitung ausgeschlossen werden kann. Die übrig bleibenden Signale werden jetzt hinsichtlich ihrer Dopplerfrequenz, z.B. durch eine Filterbank mit vielen gestaffelten Filtern, in den für die Anwendung wichtigen Geschwindigkeitsbereichen ausgewertet. Überschreitet der Ausgangspegel eines der Dopplerfilter den vorgegebenen Schwellwert, so erfolgt die Zielmeldung.

## 5.5 Anforderungen und Qualitätskriterien

Die Verbesserung des Signal-Stör-Verhältnisses durch die beschriebenen Verfahren ist, weil es auf die Auswertung der Phaseninformation ankommt, von der Phasenstabilität aller für die Signalumsetzung und Signalabtastung verwendeten Bauelemente abhängig. Zur Abschätzung betrachtet man als einfaches Beispiel die Schaltung zur Festziellöschung nach Bild 5.3 und geht davon aus, daß sich zwei aufeinanderfolgende Empfangsimpulse sowohl in der Phase um den Winkel $\delta$ als auch in der Amplitude um das Inkrement $\Delta U$ unterscheiden.

$$\begin{aligned} u_E(t) &= U \cdot \cos(2\pi f t) \\ u_E(t-T_p) &= (U+\Delta U) \cdot \cos(2\pi f t+\delta) \end{aligned} \qquad (5.8)$$

Am Ausgang der Verzögerungsleitung tritt dann anstelle völliger Auslöschung ein Restsignal auf, das die Wirksamkeit der Festzielunterdrückung beeinträchtigt.

$$u_A(t) = u_E(t)-u_E(t-T_p) = -U \cdot \delta \cdot \sin(2\pi f t+\delta/2) - \Delta U \cdot \cos(2\pi f t+\delta) \qquad (5.9)$$

Aus Gl. (5.9) ist ersichtlich, daß Amplitudenschwankungen bei den Sendeimpulsen die Festzieldämpfung auf den Wert

$$a_F = 20 \cdot \log U/\Delta U \qquad (5.10)$$

begrenzen und eine Phasenänderung von $\delta = 1°$ nach Gl. (5.11) nur noch eine Festzieldämpfung von 17.6 dB erreichbar macht.

$$a_F = 20 \cdot \log \delta \qquad (5.11)$$

Als Maß für die Wirksamkeit der Bewegtzielanzeige dient die SCV (*subclutter visibility* = Zielerkennbarkeit gegenüber Störechos), die das Verhältnis des Pegels von Nutz- und Störsignal angibt, bei dem das Nutzecho noch mit vorgegebener Entdeckungs- und Falschmeldewahrscheinlichkeit erfaßt wird. Dabei werden alle Objektgeschwindigkeiten als gleichwahrscheinlich angenommen. Die SCV kann nicht zum

Vergleich der Fähigkeiten von Radarsystemen ein Ziel zu entdecken verwendet werden. Dazu muß noch berücksichtigt werden, daß der Störechopegel von der Größe der Auflösungszelle abhängig ist.

Der Bewegtzielfiltergewinn *(MTI improvement factor)* als Quotient der Signal-Stör-Verhältnisse an Ausgang und Eingang der Einrichtungen zur Bewegtzielanzeige beschreibt diese Eigenschaft des Radarsystems in ausreichender Weise.

## Literatur zu Kapitel 5

[5.1] Marko, H.: Methoden der Systemtheorie, Berlin: Springer-Verlag 1982, Kap. 6.

[5.2] Marko, H.: Methoden der Systemtheorie, Berlin: Springer-Verlag 1982, Kap. 4.7.

[5.3] Azizi, A.: Entwurf und Realisierung digitaler Filter, München: Oldenbourg Verlag 1981.

[5.4] Marko, H.: Methoden der Systemtheorie, Berlin: Springer-Verlag 1982, Kap. 7.

[5.5] Stearns, S.: Digitale Verarbeitung analoger Signale, München: Oldenbourg Verlag, 2. Aufl., 1984.

# 6 Verfolgungsradar

## 6.1 Grundsätzliches

Aufgabe eines Verfolgungsradars ist es, die Position eines Objektes zu messen und Daten zur Verfügung zu stellen, mit denen man den Weg des Objektes und seine zukünftige Lage bestimmen kann. Dabei können alle zur Verfügung stehenden Informationen, wie Entfernung, Elevation, Azimut und Geschwindigkeit, zur Vorhersage der zukünfigen Position verwendet werden. Man unterscheidet zwischen Verfolgung im Suchbetrieb (*track-while-scan radar*), die mit üblichen Rundsuchradarsystemen durchgeführt werden kann, und der Verfolgung durch Nachsteuerung des Radargerätes (*continuous tracking radar*). Bei der Verfolgung im Suchbetrieb werden aufeinanderfolgende Zielmeldungen mit Hilfe eines α-ßTrackers [6.1] oder adaptiv mit einem Kalmanfilter [6.2] zur Erzeugung einer Spur verwendet. Bei den Nachsteuerverfahren, die hier näher betrachtet werden sollen, wird das Objekt durch kontinuierliche Nachführung geeigneter Parameter verfolgt. Die verschiedenen kontinuierlichen Nachführverfahren für die Winkelinformation werden meist durch die Methode -Monopulsverfahren, Kegelabsuchen- gekennzeichnet, nach der die Winkelinformation erfaßt wird. Die Winkelabweichung zwischen Hauptkeule und Objektposition wird zur Nachführung der Antenne benützt. Auf diese Weise entsteht ein geschlossener Regelkreis, der das Radargerät in die Lage versetzt, mit seiner Hauptstrahlrichtung stets das zu verfolgende Ziel zu beleuchten. Eine ähnliche Nachführtechnik wird nicht nur für die Winkel-, sondern auch für die Entfernungsinformation verwendet (s. Kap. 6.5).

Die Verfolgung eines Objekts setzt das Auffinden des Objekts voraus. Dies ist für Verfolgungsradarsysteme mit schmaler Antennenkeule (Bleistiftkeule) und großem Suchvolumen zeitraubend, so daß in vielen Fällen diese Aufgabe von einem getrennten Suchradar übernommen wird.

## 6.2 Sequentielle Mehrkeulenbildung

Ein Verfahren, das heute nur noch historische Bedeutung besitzt, aber zur Erläuterung der grundlegenden Methode günstig ist, ist das der sequentiellen Mehrkeulenbildung (*sequential lobing*). Bei diesem Verfahren wird, wie in Bild 6.1 in kartesischen Koordinaten dargestellt, die Antennenkeule zwischen zwei benachbarten Strahlungsrichtungen z.B. von Sendeimpuls zu Sendeimpuls hin und her geschaltet. Für ein Objekt im Erfassungsbereich beider Hauptkeulen ergeben sich dann Empfangsimpulse unterschiedlicher Amplitude, wenn es sich nicht auf der Symmetrielinie befindet. Die jeweils aufgetretene Amplitudenänderung ist ein Maß für die winkelmäßige Ablage in der Schwenkebene und beinhaltet auch deren Vorzeichen. Für die Ablagebestimmung in der orthogonalen Richtung sind zwei weitere Keulenpositionen erforderlich. Der wesentliche Nachteil dieses Verfahrens ist, daß damit nur Nachführgenauigkeiten in der Größenordnung der Halbwertsbreite der Antennenkeule erreicht werden können.

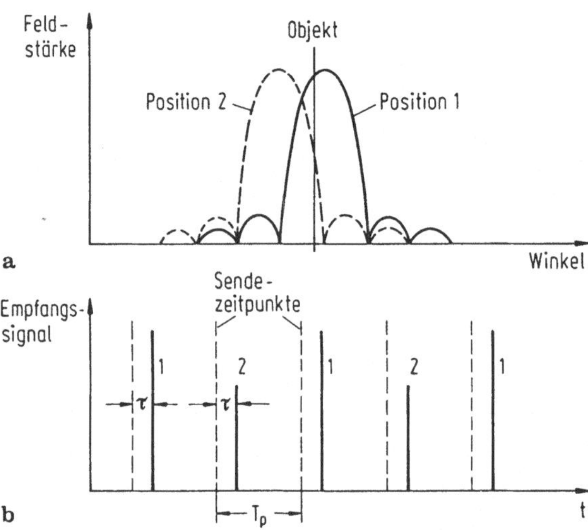


Bild 6.1. Prinzip der sequentiellen Mehrkeulenbildung. a) Keulenpositionen, b) Empfangssignal

## 6.3 Kegelabsuchen

Eine logische Erweiterung des Verfahrens der Mehrkeulenbildung mit vier Keulenpositionen ist das Kegelabsuchen (*conical scan*), bei dem sich das Hauptmaximum der Antennenkeule nach Bild 6.2 auf einer Kreisbahn bewegt. Wie aus dem zugeordneten

Verlauf der Empfangsimpulse ersichtlich, ergibt sich eine sinusförmige Amplitudenmodulation der Empfangsimpulse. Amplitude und Phase der Hüllkurve können zur zweidimensionalen Nachsteuerung der Radarantenne eingesetzt werden.

Ein Verfolgungsradar nach dem Prinzip des Kegelabsuchens läßt sich relativ einfach realisieren, wenn man eine Parabolantenne verwendet, die mit einem um die Reflektorachse im Bereich des Brennpunktes rotierenden Primärstrahler ausgerüstet ist. Üblicherweise wird die Umlauffrequenz der Antennenkeule eine Größenordnung kleiner als die Pulsfolgefrequenz gewählt ($f_A \approx fp/10$). Der Neigungswinkel ß zwischen der Radarachse und der Hauptkeule wird als Kompromiß zwischen Empfindlichkeit der Nachführspannung und Signaldämpfung durch die Antennenkeule in Richtung der Radarachse gleich dem 0,28-fachen der Keulenhalbwertsbreite gewählt.

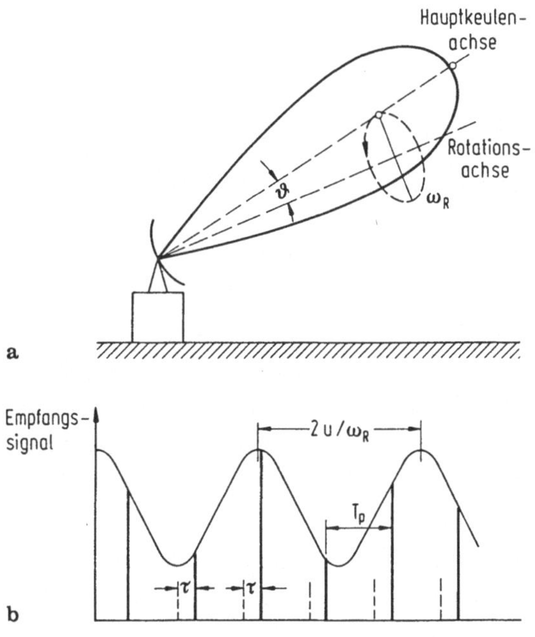


Bild 6.2. Prinzip des Kegelabsuchverfahrens. a) Geometrische Verhältnisse, b) Empfangssignal

## 6.4 Monopulsverfahren

Kegelabsuchverfahren und sequentielle Mehrkeulenbildung benötigen stets mehrere Empfangsimpulse, um den Winkelfehler zu ermitteln. Es stören dabei grundsätzlich alle Effekte, die die Amplitude der Empfangsimpulse modulieren, wenn sie spektrale Anteile bei oder in der Nähe der Schwenkfrequenz aufweisen. Daher kann z.B. die stark fluktuierende Rückstreufläche eines Flugzeuges zu einer erheblichen Fehlanzeige führen. Fehler, die aufgrund einer Fluktuation der Impulsamplituden entstehen, können vermieden werden, wenn zur Ableitung der Winkelinformation nur ein Impuls benötigt wird. Mit dem Verfahren der gleichzeitigen Mehrkeulenbildung (*simultaneous lobing*), die auch als Monopulsverfahren bezeichnet werden, kann der Einfluß von Amplitudenfluktuationen beseitigt werden.

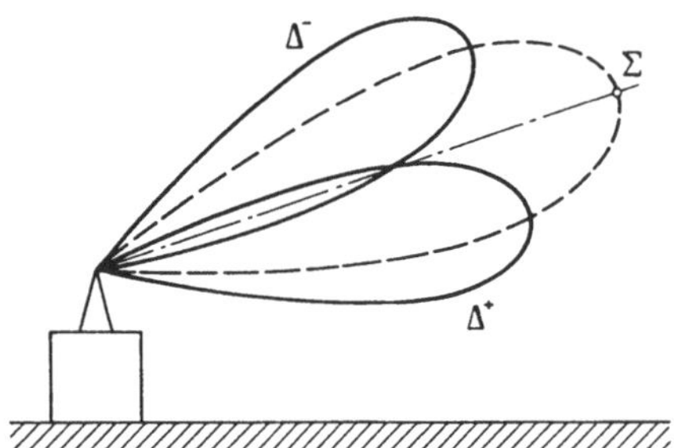


Bild 6.3. Summen- und Differenzdiagramme beim Monopulsverfahren für eine Ebene

Beim Amplitudenmonopulsverfahren werden zwei gegeneinander im Winkel versetzte Antennenkeulen nach Bild 6.3 verwendet, die näherungsweise das gleiche Phasenzentrum besitzen. Man erreicht dies z.B. dadurch, daß man eine Parabolantenne über zwei nebeneinander liegende Primärstrahler speist. Mit einer E-H-Verzweigung wird aus den aus beiden Keulen stammenden Empfangssignalen Summe und Differenz gebildet und getrennten Empfängern zugeführt. Bild 6.3 b zeigt die für Summen- und Differenzkanal wirksamen Richtcharakteristiken. Das Ausgangssignal des Phasendetektors hängt von Amplitude und relativer Phasenlage des Differenzknals ab und liefert damit nach Bild 6.4 Ablagewinkel und Ablagerichtung für die Antennennachsteuerung. Der Summenkanal wird weiterhin wie beim normalen Pulsradar zur Auswertung der Entfernungs- und Dopplerinformation verwendet.

Die winkelmäßige Nachführung in zwei Dimensionen führt zur Verwendung von vier Primärstrahlern, deren Information über drei Empfänger (Summenkanal, Differenzkanal Azimut, Differenzkanal Elevation) ausgewertet wird.

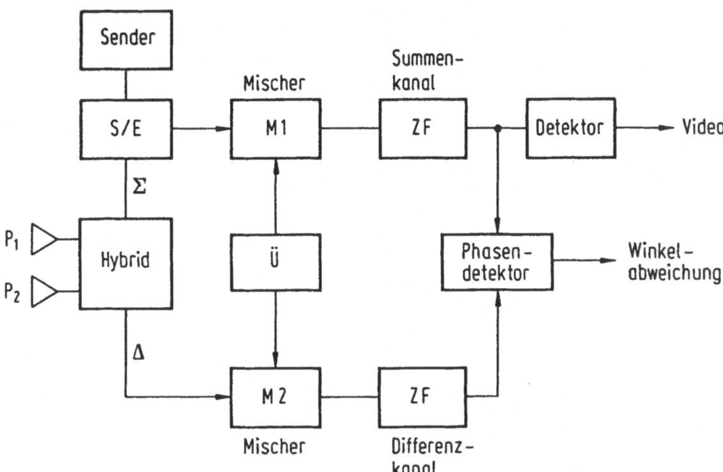


Bild 6.4. Signalauswertung beim Monopulsradar.

Obwohl auch beim Amplitudenmonopulsverfahren die Richtung der Ablage aus einem Phasenvergleich bestimmt wird, entsteht das winkelmäßige Fehlersignal aus einem Amplitudenvergleich zwischen den beiden Keulen. Beim Phasenmonopulsverfahren werden im Unterschied dazu Antennendiagramme gleicher Ausrichtung verwendet, die örtlich getrennte Phasenzentren besitzen und durch Interferenz mehrere Keulen entstehen lassen. Die entstehende Antennenanordnung besitzt eine Gruppencharakteristik $F_G$, die durch den Abstand der Phasenzentren nach Bild 6.5 festgelegt ist. Für die Summen-und Differenzcharakteristiken nach Gl. (6.2) erhält man ein Mehrkeulendiagramm, das durch die Richtcharakteristik des Einzelstrahlers winkelmäßig begrenzt und damit eindeutig gemacht werden muß. Die dabei verbleibenden Nebenkeulenpegel sind aber höher als beim Amplitudenmonopulsverfahren, das deshalb bevorzugt angewendet wird.

$$F_G = 1/\sqrt{2}\,|(1 \pm \exp(-j2\pi d/\lambda \cdot \sin\theta)| \tag{6.1}$$

$$\begin{aligned} F_\Sigma &= |\cos(\pi/\lambda \cdot d \cdot \sin\theta)| \\ F_\Delta &= |\sin(\pi/\lambda \cdot d \cdot \sin\theta)| \end{aligned} \tag{6.2}$$

Die Auswertung erfolgt wie beim Amplitudenmonopuls nach Bild 6.4 über getrennte Empfänger für Summen- und Differenzkanal.

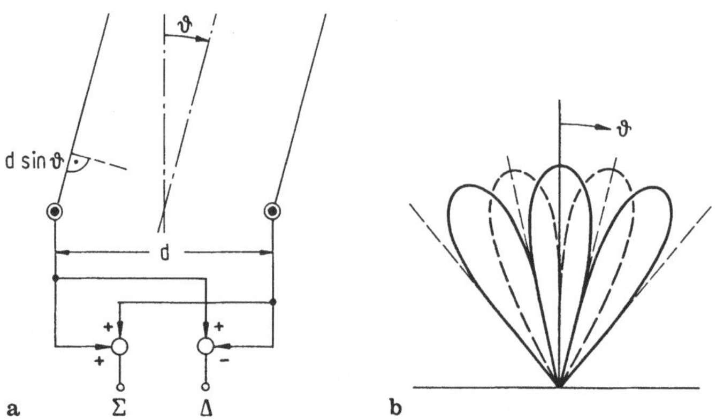


Bild 6.5. Antennenrichtcharakteristiken beim Phasenmonopulsradar.a) Anordnung, b) Mehrblattgruppencharakteristik für d/λ = 2

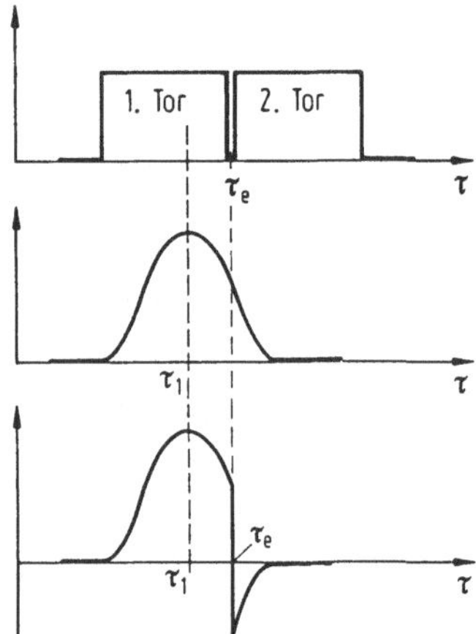


Bild 6.6. Differenztortechnik zum Nachführen in der Entfernung.a) Zeitliche Lage der Entfernungstore, b) Empfangsimpuls, c) Differenz der Ausgangssignale aus erstem und zweitem Entfernungstor.

## 6.5 Nachführung in der Entfernung

Aufgabe der Entfernungsnachführung ist eine genaue Ermittlung der Entfernung des Objekts. Als Diskriminator für die Abweichung zwischen der gemessenen Laufzeit $\tau$ und der von der Radarsignalverarbeitung geschätzten Laufzeit $\tau_e$ wird die sog. Differenztortechnik angewendet. Dabei wird der ankommende Radarimpuls dem

Betrage nach durch zwei Entfernungstore nach Bild 6.6 erfaßt, die zeitlich überlappend aufeinander folgen, und gemeinsam, entsprechend der erwarteten Ziellaufzeit $\tau_e$ verschoben werden.

Als Ausgangssignal der Differenztorschaltung wird die Differenz der in beiden Entfernungstoren ermittelten Abtastwerte verwendet. Sie stellt nach Integration ein - innerhalb eines begrenzten Laufzeitbereiches - lineares Maß für die Abweichung zwischen Impulslaufzeit $\tau$ und erwarteter Laufzeit $\tau_e$ nach Bild 6.7 dar.

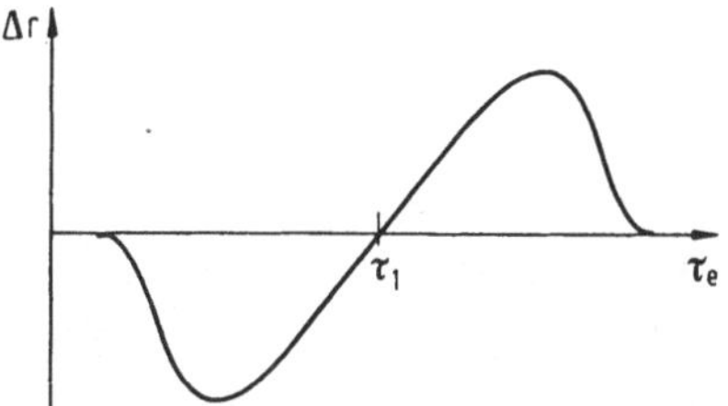


Bild 6.7. Ausgangssignal der Differenztorschaltung als Funktion der Laufzeitabweichung.

Eine derartige Schaltung kann auch in Digitaltechnik realisiert werden. In diesem Fall liefern die beiden Entfernungstore 1 und 2 die digitalen Abtastwerte $a_1$ und $a_2$, die dem in das jeweilige Tor entfallenden Impulsanteil entspricht. Für die weitere, vom Signalpegel unabhängig Signalverarbeitung wird in diesem Fall die auf das Gesamtsignal bezogene Differenz der Abtastwerte $\Delta a$ verwendet:

$$\Delta a = (a_1 - a_2)/(a_1 + a_2) \tag{6.3}$$

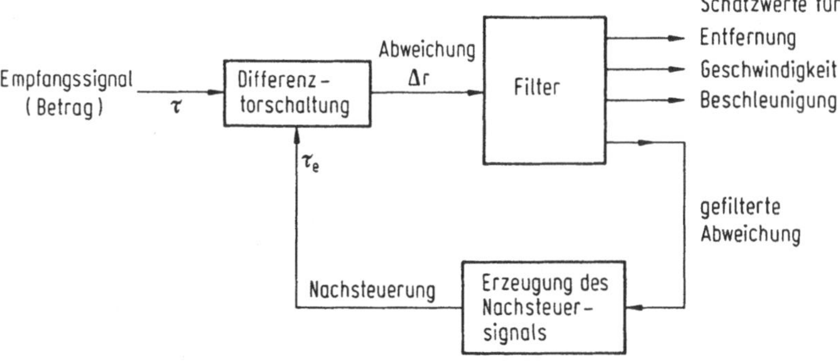


Bild 6.8. Blockschaltbild eines Regelkreises zur Entfernungsnachführung.

Mit Hilfe des anschließenden Filters können nach Bild 6.8 mehrere zeitlich aufeinanderfolgende Laufzeitmeßergebnisse verarbeitet werden, um eine höhere Genauigkeit für die Bestimmung des zu messenden Parameters Entfernungsabweichung zu erhalten. Außerdem können mit Hilfe dieses Filters weitere, mit der Meßgröße Entfernung in Zusammenhang stehende Meßparameter, wie Radialgeschwindigkeit und Radialbeschleunigung des Ziels, bestimmt werden.

Je nach Aufwand, der erforderlich ist, kann dieses Filter ein klassisches Filter mit konstanten Parametern oder ein adaptives Filter sein. Letzteres kann man sich wie ein klassisches Filter vorstellen, bei dem aber wichtige Parameter wie verstärkung und Grenzfrequenz abhängig vom empfangenen Signal so eingestellt werden, daß ein möglichst rauscharmes Ausgangssignal bei minimaler Filterlaufzeit entsteht. In dieses Filter können auch Vorkenntnisse über das zu erwartende Signal eingebaut werden, wie z.B. über Häufigkeit und Umfang der zu erwartenden Manöver des Ziels. Ebenso kann ein mathematisches Modell berücksichtigt werden, daß das dynamische Verhalten des Ziels beschreibt. Derartige Filterschaltungen können z.B. mit Hilfe der parametrischen Schätzverfahren [6.4] verwirklicht werden und auch eine Vorhersage über zukünftige Positionen des Ziels ermöglichen.

Neben den für die Zielverfolgung wichtigen Informationen - Entfernung, Geschwindigkeit und Beschleunigung - wird dieses Filter ebenfalls die für die Regelschleife wichtige Nachführinformation liefern, die die Differenztorschaltung in der Weise nachführt, daß sich das Objekt stets im linearen Auswertebereich befindet.

## Literatur zu Kapitel 6

[6.1] Skolnik, M.: Introduction to Radar Systems, Tokyo: McGraw-Hill 1980, S.184.

[6.2] Skolnik, M.: Introduction to Radar Systems, Tokyo: McGraw-Hill 1980, S.185.

[6.3] Makhoul, J.: Linear Prediction: A Tutorial Review. Proc. IEEE (63) 1975, S. 561-580.

[6.4] Ulrych, T. et al.: Maximum Entropy Spectral Analysis and Autoregressive Decomposition, Rev. Geophysics ans Space Phys. (13) 1975, S. 183-200.

# 7 Digitale Radarsignalverarbeitung

Die Möglichkeiten der digitalen Radarsignalverarbeitung haben die Leistungsfähigkeit moderner Radaranlagen wesentlich geprägt. Während vor dieser Zeit auf die Verfügbarkeit geeigneter analoger Signalverarbeitungsverfahren und die zugehörigen Bauelemente (z.B. Verzögerungsleitungen) Rücksicht genommen werden mußte, sind seit dem Einzug der Digitaltechnik den theoretischen Anforderungen an die Signalverarbeitung keine prinzipiellen Grenzen mehr gesetzt. Vielmehr spielen nur noch die für die Digitaltechnik üblichen Grenzen, wie Verarbeitungsgeschwindigkeit, Speicherplatzbedarf und Quantisierungseffekte (Dynamikbereich) eine Rolle.

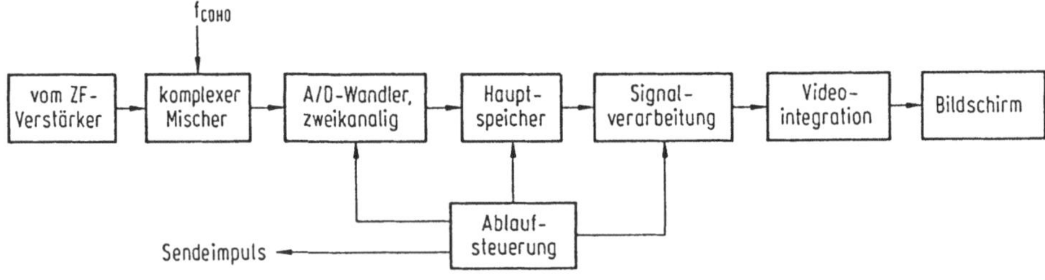


Bild 7.1. Blockdiagramm einer digitalen Radarsignalverarbeitung.

## 7.1 Strukturdiagramm

Der grundsätzliche Aufbau einer digitalen Signalverarbeitung für Radarsignale ist in Bild 7.1 niedergelegt. Das vom Zwischenfrequenzverstärker aufbereitete Signal wird dem komplexen Mischer zugeleitet und damit unter Erhaltung der Phaseninformation in den Videobereich transformiert. Die auszuwertende Information liegt damit im Basisband vor. Mit Hilfe einer Abtast- und Halteschaltung können die laufzeitmäßig gestaffelten Empfangsimpulse erfaßt, mit Hilfe eines ausreichend schnellen Analog-Digital-Wandlers digitalisiert und im Hauptspeicher abgelegt werden. Aus Gründen der Verarbeitungzeit werden dabei üblicherweise Real- und Imaginärteil parallel verarbeitet. Die zentrale Ablaufsteuerung steuert dabei neben dem Sendezeitpunkt den korrekten zeitlichen Ablauf der Wandlungsvorgänge. Die im Hauptspeicher eingelagerten Abtastwerte der Radarempfangsignale stehen dann parallel für eine Weiterverarbeitung, z.B. mit Hilfe eines digitalen MTI-Filters oder mit einem Puls-Doppler Prozessor zur Verfügung. Die Ausgangssignale dieser digitalen Filter können anschließend nicht kohärent integriert und mit einem Schwellwert verglichen werden. Die Radarausgangsdaten werden dann in einer für den Benutzer geeigneten Form unter Ausnützung der Flexibilität moderner Datensichtgeräte dargestellt.

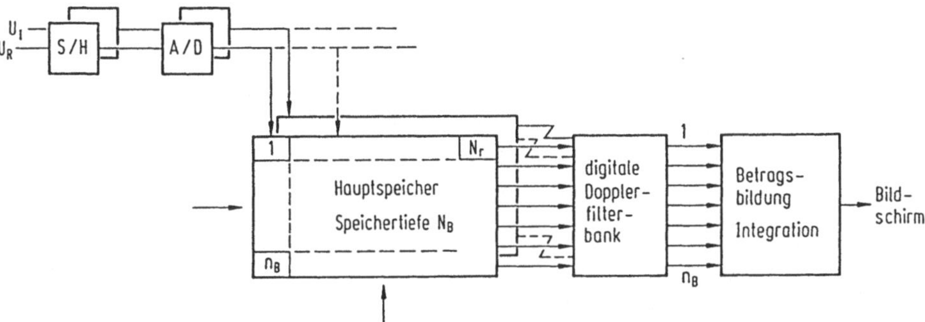


Bild 7.2. Blockschaltbild zur digitalen Signalverarbeitung für ein Puls-Doppler-Radar.

## 7.2 Digitale Signalverarbeitung beim Puls-Doppler-Radar

An dem für ein Puls-Doppler-Radar mit digitaler Signalverarbeitung charakteristischen Blockschaltbild (Bild 7.2) werden in folgenden die einzelnen Bausteine der Signalverarbeitung und ihre Bedeutung für die Eigenschaften des gesamten Radarsystems behandelt. Die vom komplexen Mischer nach Real- und Imaginärteil getrennt ankommenden Analogsignale werden in den A/D-Wandlern digitalisiert und in den Hauptspeicher eingelagert. Unabhängig von der tatsächlichen Struktur der Dateneinspeicherung kann man sich diesen Ablauf so vorstellen, daß die aufeinanderfolgenden Abtastwerte, die von nacheinander eintreffenden Impulsen stammen, z.B. waagrecht eingespeichert werden, wobei die Anzahl der Speicherzellen so gewählt ist, daß alle für die Auswertung wichtigen Empfangsimpulse in einer Zeile abgespeichert werden. Sollen daher insgesamt $N_r$ Entfernungszellen, also Entfernungsinkremente mit einer Länge, die gleich dem Entfernungsauflösungsvermögen ist, abgespeichert werden, so benötigt man mindestens $N_r$, in der Praxis zur Sicherstellung einer kontinuierlichen Auswertung meist bis zu $2 \cdot N_r$ Speicherzellen zur Darstellung der Antwortsignale eines Sendeimpulses. Die Antworten aufeinanderfolgender Sendeimpulse werden dann untereinander zeilenweise eingelagert. Die Antwortimpulse aus der selben Entfernungszelle kommen auf diese Weise untereinander zu liegen. In einer Spalte des Hauptspeichers sind daher die Antworten aus einer Entfernungszelle, d.h. die Abtastwerte des Dopplersignals, getrennt nach Real- und Imaginärteil enthalten und stehen für die weitere Auswertung zur Verfügung. Die ankommenden Radardaten werden also zeilenweise eingelesen und spaltenweise weiterverarbeitet.

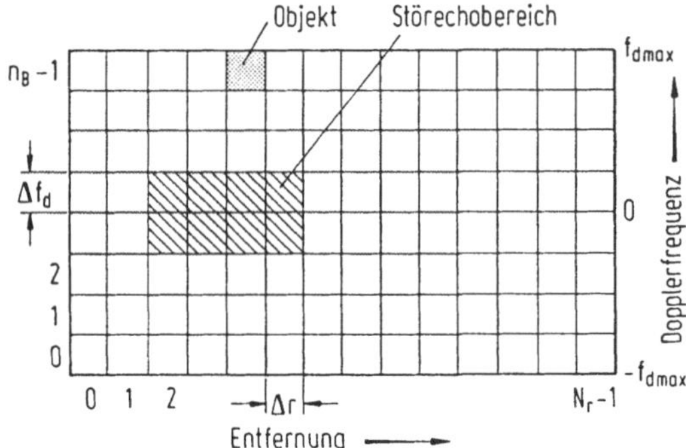


Bild 7.3. Doppler-Entfernungs-Karte mit Belegungsinformation als Beispiel für das Ergebnis einer digitalen Signalverarbeitung.

Die spaltenweise ausgelesenen Abtastwerte der Dopplersignale aus einer Entfernungszelle werden dem digitalen Dopplerfilter, z.B. einem FFT-Prozessor zugeführt, der das Dopplerspektrum der in der Entfernungszelle vorhandenen Nutz- und Störobjekte berechnet. Am Ausgang des Dopplerprozessors stehen dann Abtastwerte des Dopplerspektrums in digitaler Form zur Verfügung. Aus den üblicherweise komplexen Abtastwerten, die sich aufgespalten in Real- und Imaginärteil aus dem Rechenalgorithmus ergeben, muß der zugehörige Betrag ermittelt werden. Die Betragsinformation kann anschließend, ggfs. nach einer zusätzlichen Integration, mit einem Schwellwert verglichen werden, um bei Überschreitung eine Zielmeldung auszulösen. Nach der digitalen Aufbereitung der Dopplerinformation in allen Entfernungszellen liegt die in Bild 7.3 beispielhaft dargestellte Doppler-Entfernungs-Karte vor. Dabei ist zu hoffen, daß, wie in der Zeichnung angedeutet, sich Störechobereiche nicht mit Zellen überdecken, in denen Nutzechos auftreten können.

## 7.3 Analog-Digital-Wandler

Die Analog-Digital Wandlung läßt sich unterteilen in den Vorgang der Abtastung, der Quantisierung und der Kodierung. Für die Anwendung in der Radartechnik sind zunächst die Abtastung, d.h. das kurzeitige Speichern zeitdiskreter Werte des Empfangsignals und ihre Quantisierung in Amplitudeninkrementen wichtig. Aus dem Entfernungsauflösungsvermögen des Pulsradars ergibt sich die zur Vermeidung eines Informationsverlustes die Notwendigkeit, mindestens einmal im Abstand einer Impulslänge $t_P$ abtasten zu müssen. In der Praxis führt man dies 1-2mal pro Impulsdauer durch. Bei sequentieller Verarbeitung ist diese Impulsdauer zugleich die Zeitspanne, die für die Quantisierung, Kodierung und Abspeicherung eines Abtastwerts im Hauptspeicher zur Verfügung steht. Bei hochauflösenden Impulsradarsystemen können daher noch Probleme mit der Verarbeitungszeit auftreten.

Im Falle eines Verfolgungsradars mit nur einem Entfernungstor sind diese Anforderungen wesentlich gemildert, weil zwar eine kurze Abtastzeit erforderlich ist, aber für den Wandlungsvorgang der gesamte Impulsabstand $T_P$ zur Verfügung steht. Der Impulsabstand kann in diesem Fall nur unter dem Gesichtspunkt der Erfüllung des Abtasttheorems für die Dopplerfrequenz kleiner als eine halbe minimale Dopplerschwingungsperiode gewählt werden.

Die Anzahl der Quantisierungsstufen des A/D-Wandlers beeinflußt wesentlich den Dynamikbereich des Radarsystems, d.h. den Signalpegelbereich in dem verschiedene Nutz- und Störsignale vorliegen können, die durch die Signalverarbeitung noch linear verarbeitet werden. Ein $N_B$-Bit A/D-Wandler kann einem Signal mit der Amplitude U bei Ausnützung des vollen Aussteuerbereichs nach (7.1) N diskrete Pegel zuordnen.

$$N = 2^{N_B} \tag{7.1}$$

Für stochastische Signale ist der auftretende Diskretisierungsfehler e nach Bild 7.4 über die Quantisierungsstufe $\Delta U$ gleich verteilt und besitzt den Mittelwert Null. Die Wahrscheinlichkeitsdichte ist damit konstant und beträgt $p(e)=1/\Delta U$. Die Varianz des Diskretisierungsfehlers ist identisch mit der mittleren Quantisierungsstörleistung (an $1\Omega$).

$$N_Q = \int_{-\Delta U/2}^{+\Delta U/2} e^2 \cdot p(e)\, de = \Delta U^2/12 \tag{7.2}$$

Von den N Pegelstufen sind N-1 verwendbar, wenn man den Spannungspegel 0 nach Bild 7.4 zur Unterdrückung des Ruhegeräuschs in die Mitte einer Quantisierungstufe legt. Die maximale Signalspannung, die noch nicht zu einer Übersteuerung führt, kann dann aus Symmetriegründen eine Amplitude

$$U = (N/2 - 1)\cdot \Delta U \tag{7.3}$$

besitzen. Dem entspricht nach (7.4) eine Signalleistung S (an 1Ω), die zur Angabe des Dynamikbereichs DB nach (7.5) auf die Quantisierungsstörleistung zu beziehen ist.

$$S = \tfrac{1}{2}\, U^2 = (N/2-1)^2\cdot \Delta U^2 \tag{7.4}$$

$$DB/dB = 10 \log(S/N_Q) \approx 1.8 + 6\cdot N_B \tag{7.5}$$

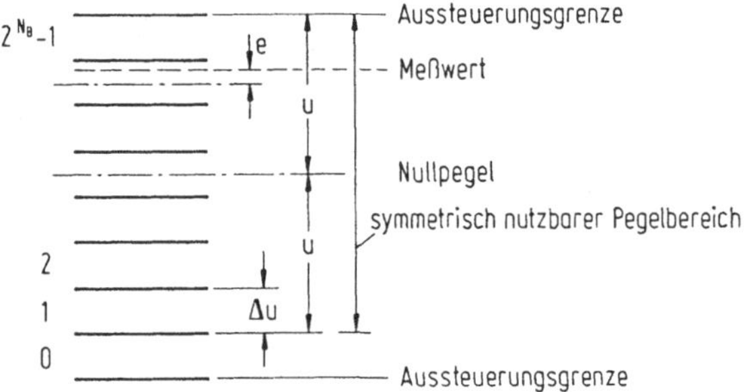


Bild 7.4. Diskretisierung analoger Signale durch einen A/D-Wandler.

In manchen Fällen wird in Umkehrung von Gl. (7.5) auch eine effektive Bitzahl eines A/D-Umsetzers angegeben, die aus dem gemessenen Signal-Störabstand ermittelt wird. Die Abweichungen zwischen realisierter und effektiver Bitzahl werden durch zusätzliche Fehler, z.B. durch Nichtlinearitäten des Wandlers hervorgerufen.

## 7.4 Speicherplatzbedarf

Die in einer Datenbreite von $N_B$ Bit vom A/D-Wandler erzeugten Daten müssen im Hauptspeicher abgelegt werden. Pro Sendeimpuls werden Abtastwerte aus $N_r$ Entfernungszellen angeliefert, wobei bei voller Ausnutzung des Eindeutigkeitsbereiches $N_r$ durch das Verhältnis von Impulsabstand $T_P$ zu Impulsdauer $t_P$ festgelegt ist.

$$N_r = T_P/t_P \tag{7.6}$$

Werden insgesamt die Meßergebnisse aus $n_B$ Sendeimpulsen abgespeichert, so ergibt sich für den Speicherplatzbedarf C unter Berücksichtigung des Faktors 2 für komplexe Abtastwerte die Gl. (7.7).

$$C = 2N_B \cdot N_r \cdot n_B \tag{7.7}$$

Wegen der zeilenweise ablaufenden Einlesevorgänge und des spaltenweisen Auslesens ist prinzipiell kein Speicher mit wahlfreiem Zugriff erforderlich.

## 7.5 Dopplerfilter

Das Dopplerfilter dient zur Unterscheidung von Objekten in der gleichen Entfernungszelle, die sich unterschiedlich schnell bewegen. Grundsätzlich sind hier die verschiedensten digitalen Filter einsetzbar, z.B. auch eine digitale Nachbildung der Auslöschschaltungen mit Verzögerungsleitung nach Bild 5.3. Den besten Überblick über vorhandene Dopplersignale liefert jedoch das Dopplerspektrum, das man durch Fouriertransformation aus den Dopplersignalen erhält. Im folgenden wird daher die Methode zur schnellen Berechnung des Dopplerspektrums und ihre Grenzen hinsichtlich Eindeutigkeit, Auflösung, Speicherplatzbedarf und Rechenzeit eingehender besprochen, weil sich alle anderen, z.B. auf eine spezielle Anwendung zugeschnittenen Filter, an ihr messen lassen.

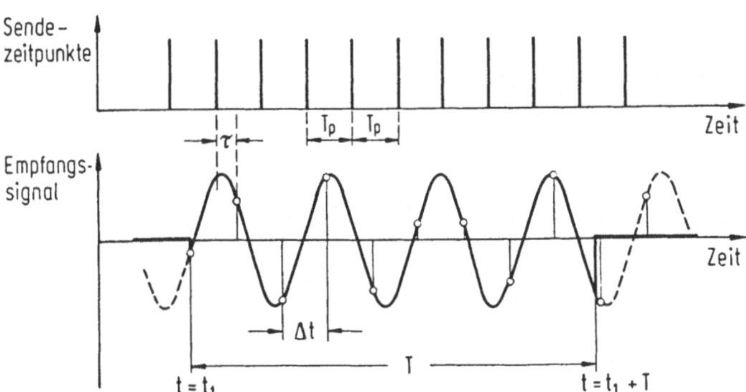


Bild 7.5. Entstehung der Empfangsimpulsamplituden. a) Sendezeitpunkte, b) Dopplersignal und empfangene Abtastwerte des Dopplersignals

Für die Ermittlung des Spektrums steht nach Bild 7.5 aus Verarbeitungszeit- und Speicherplatzgründen nur ein Schwingungszug der Länge T zur Verfügung. Die Zeitfunktion $u_d(t)$ ist daher nur zwischen $t=t_1$ und $t=t_1+T$ von Null verschieden. Das Integral (7.8) zur Ermittlung des Spektrums kann daher auf diesen Zeitbereich beschränkt werden.

$$U_d(f) = \int_{-\infty}^{+\infty} u_d(t)\cdot \exp(-j2\pi ft)dt = \int_{t_1}^{t_1+T} u_d(t)\cdot \exp(-j2\pi ft)dt \tag{7.8}$$

Das Ergebnis ist für einen sinusförmigen Schwingungszug in Bild 7.5 dargestellt. Man erhält eine sin(x)/x-Funktion mit der halben Hauptmaximumsbreite 1/T, die ihr Hauptmaximum bei der Frequenz $f_d$ des Schwingungszuges besitzt. Das Impulsradar liefert zu den Zeitpunkten $t_1 + m\cdot\Delta t$ abgetastete Werte des Dopplersignals. Unter Verwendung dieser Abtastwerte kann Gl. (7.8) näherungsweise durch eine Summe nachgebildet werden,die für ebenfalls diskrete Frequenzpunkte $-f_{dmax} + k\cdot\Delta f$ im erwarteten Bereich des Dopplerspektrums bestimmt wird.

$$U_d(k) = \exp(j2\pi f_{dmax}\Delta t)\cdot \exp(-j2\pi\cdot k\cdot \Delta f t_1)\cdot$$

$$\cdot \sum_{m=0}^{m=N-1} (\exp(j2\pi m f_{dmax}\Delta t)\cdot \exp(-j2\pi\cdot k\cdot m\cdot \Delta f\Delta t)) \tag{7.9}$$

$$\text{mit } t = t_1 + m\cdot\Delta t$$
$$f = -f_{dmax} + k\cdot\Delta f$$

Bei der Auswertung des Ergebnisses der Fouriertransformation interessiert man sich nur für den Betrag der Spektrallinien. Die Phasenterme in der ersten Zeile von Gl. (7.9) haben daher für die Weiterverarbeitung keine Bedeutung und brauchen nicht berechnet zu werden. Das gleiche gilt für den von k unabhängigen Phasenterm in der Summe, dessen Auswirkung man mit Hilfe des Verschiebungssatzes beurteilen kann. Nach Gl. (7.10) ist die Fouriertransformierte einer mit einem zeitlinearen Phasenterm multiplizierten Zeitfunktion u(t) gegenüber der ursprünglichen Spektralfunktion U(f) verschoben.

$$u(t)\cdot \exp(j2\pi f_1 t) \;\circ\!\!-\!\!\bullet\; U(f-f_1) \tag{7.10}$$

Die Verschiebung nach Gl. (7.10) kann hardware- oder softwareseitig durch eine entsprechende Zuordnung der Ausgangsgrößen berücksichtigt werden. Dadurch entsteht kein zusätzlicher numerischer Aufwand.

Für die numerische Berechnung bleibt damit die Bestimmung des von k und m abhängigen Summenterms in Gl. (7.10). Prinzipiell handelt es sich dabei um die Durchführung der diskreten Fouriertransformation [7.1], die dann besonders rechenzeitsparend durchgeführt werden kann, wenn sie auf die in Gl. (7.11) dargestellte Form gebracht werden kann, wobei N als Potenz von 2 gewählt werden muß.

$$U(k) = \sum_{m=0}^{m=N-1} u(m) \cdot \exp(-j2\pi\, k\, m/N) \tag{7.11}$$

Die Vorteile der Verwendung dieses FFT *(Fast Fourier Transform)*-Algorithmus [7.2] sind für die Rechendauer so entscheidend, daß es sich auch für den Fall, daß die Anzahl der vorliegenden Abtastwerte keine Potenz von 2 ist, lohnt, den Datensatz bis zur nächsten Potenz von 2 mit Nullen aufzufüllen. Während bei konventioneller Filterung insgesamt $N^2$ Rechenoperationen durchzuführen sind, ermäßigt sich diese Zahl bei der FFT auf den aus Gl. (7.12) zu bestimmenden Wert.

$$A_R = N \cdot \mathrm{ld}\, N \tag{7.12}$$

ld: Logarithmus zur Basis 2

Für N=256 Abtastwerte reduziert sich durch Anwendung der FFT der Rechenaufwand beispielsweise um den Faktor 32. Nach dem Stand der Technik können heute mit Hilfe von Array-Prozessoren komplexe Fouriertransformationen mit N=1024 Abtastpunkten in weniger als 1ms durchgeführt werden. Der FFT-Algorithmus macht sich zunutze, daß unter Berücksichtigung der Periodizität des Phasenwinkels mit $2\pi$ in Gl. (7.11) nur N diskrete Werte der Exponentialfunktion als Koeffizienten vorkommen können, und faßt Rechenoperationen mit gleichen Koeffizienten zusammen.

Die Anwendung der FFT nach Gl. (7.11) erfordert die Anpassung von Gl. (7.9). Es ergibt nach sich Gl. (7.13) eine Beziehung zwischen den Inkrementen in Zeit- und Spektralbereich.

$$\Delta f \cdot \Delta t \cdot N = 1 \tag{7.13}$$

Nach Gl. (7.13) legt die Beobachtungsdauer $N \cdot \Delta t = T$ bei festem Abtastintervall, das durch die Impulsabstand $T_P$ beim Radar vorgegeben ist, das Frequenzinkrement im Spektralbereich fest. Entspricht T der tatsächlichen Beobachtungsdauer, dann paßt das Frequenzinkrement $\Delta f$ nach (4.7) auch zum Dopplerfrequenzauflösungsvermögen

$\Delta f_d$. Ein kleineres Frequenzinkrement $\Delta f$ und damit eine höhere Dichte der Abtastpunkte im Spektralbereich erhält man, wenn man neben den $n_B$ echten Signalabtastwerten weitere Abtastwerte verwendet, z.B. um die für die FFT notwendige Anzahl N von Abtastwerten zu erhalten. In diesem Fall beschreibt Gl. (7.14) in Analogie zu (4.7) das durch die reale Beobachtungsdauer bestimmte Auflösungsvermögen, während das Frequenzinkrement $\Delta f$ in Gl. (7.13) den frequenzmäßigen Abstand der einzelnen diskreten Ausgänge des Dopplerfilters angibt.

$$\Delta f_d = 1/(n_B \cdot T_P) \tag{7.14}$$

Wie in Bild 7.6 dargestellt, ergeben sich insgesamt N digitale Ausgangsabtastwerte des Dopplerspektrums. Die amplitudenmäßige Verteilung der Spektrallinien auf die einzelnen Filterzellen hängt von der Lage der Dopplerfrequenz ab. Für einen nicht in der Amplitude bewerteten Dopplerschwingungszug ist die Hüllkurve des Spektrums eine sin(x)/x-Funktion, deren Abtastwerte im Abstand $\Delta f$ nach Bild 7.6 unterschiedlich in Erscheinung treten, je nach dem, ob die Dopplerfrequenz gerade mit einem Vielfachen des Kehrwerts der realen Beobachtungsdauer zusammenfällt oder nicht.

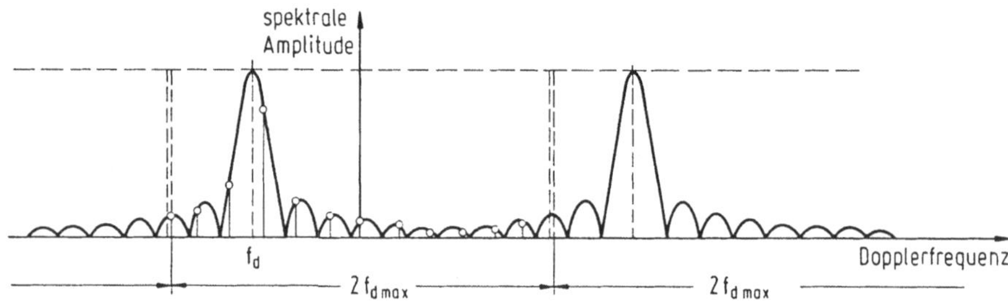


Bild 7.6. Hüllkurven und Abtastwerte des gesamten Dopplerspektrums.

Durch die Anwendung der Fouriertransformation auf die Abtastwerte einer Zeitfunktion erhält man prinzipiell ein unendlich ausgedehntes Spektrum, das mit der Abtastfrequenz periodisch ist. Das Ergebnis der FFT sind gerade die Abtastwerte aus einer spektralen Periode. Damit geht keine Information verloren. Probleme können trotz Einhaltung des Abtasttheorems auftreten, wenn die Ausdehnung des spektralen Bereichs nicht ausreichend groß ist. In diesem Fall kann das Spektrum noch nennenswerte Anteile aufweisen, die in die benachbarte spektrale Periode hinüberreichen. Dies führt dann nach Bild 7.7a an der oberen Grenze des betrachteten Bereichs zu fehlerhaften spektralen Amplituden. Abhilfe kann diesem Fall die amplitudenmäßige Gewichtung der Abtastwerte mit üblichen Wichtungsfunktionen (vgl. Bild 2.18) im Zeitbereich bringen, die bei geringem Verlust an Auflösungsvermögen die

Nebenmaximumspegel absenkt. Eine weitere Methode zur Vermeidung dieses Effekts ist die Erhöhung der Abtastfrequenz nach Bild 7.7b über die nach dem Abtasttheorem erforderliche Grenze hinaus.

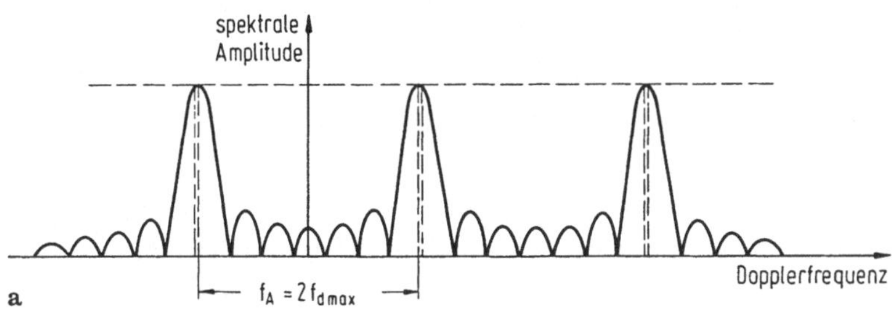


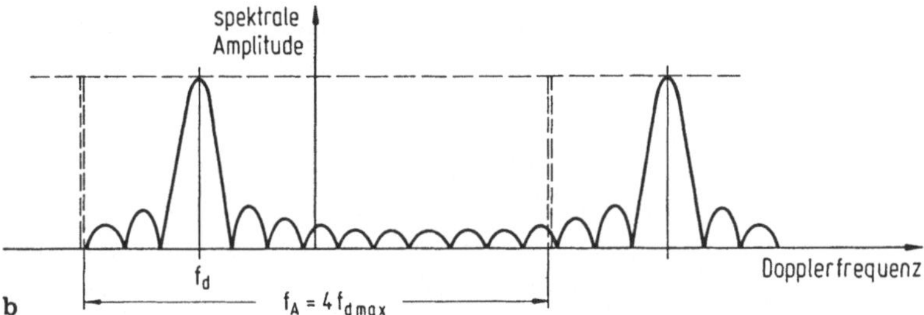


Bild 7.7. Hüllkurve und Abtastwerte des Dopplerspektrums. a) $f_A = 1/\Delta t = 2f_d$, b) $f_A = 1/\Delta t = 4f_d$

Anstelle einer spektralen Analyse kann grundsätzlich auch eine Filterung der Dopplersignale mit gewünschter Filtercharakteristik durchgeführt werden. Für diese Aufgabe benötigt man "Hardware"- oder "Software"-Komponenten wie Verzögerungsglieder, gespeicherte numerische Koeffizienten, Multiplikationen und Additionen. Es können die bekannten Methoden [7.3] zur Synthese digitaler Filter eingesetzt werden. Man unterscheidet nach Bild 7.8 zwischen nichtrekursiven und rekursiven digitalen Filtern. Erstere werden vorwiegend dadurch synthetisiert, daß man die Übertragungsfunktion oder die Impulsantwort des äquivalenten analogen Filters nachbildet, wobei die digitale Übertragungsfunktion eine Näherung mit kleinster quadratischer Abweichung für die gewünschte Übertragungsfunktion ist. Bei letzteren kann man auch von der Pol-Nullstellen-Darstellung analoger Filter in der komplexen Frequenzebene ausgehen und mit Hilfe der bilinearen z-Transformation die Übertragungsfunktion des zugehörigen Digitalfilters bestimmen, die die Beziehung zwischen den digitalen Signalabtastwerten x(n) am Filtereingang und y(n) am Filterausgang herstellt.

$$y(n) = \sum_{k=1}^{N} a_k \cdot y(n-k) + \sum_{k=0}^{M} b_k \cdot x(n-k) \tag{7.15}$$

bei nichtrekursiven Filtern: $a_k = 0$ für alle k

Rekursive Filter beziehen die früheren Werte des Ausgangssignals in die Berechnung des gegenwärtigen Wertes mit ein. Man erkennt dies an den Rückführungsschleifen im Filter-Blockschaltbild. Mit rekursiven Filtern läßt sich mit einer vorgegebenen Anzahl von Filterkoeffizienten gewöhnlich eine bessere Annäherung an eine gewünschte Übertragungsfunktion erzielen. Sie sind aber aufgrund der vorhandenen Rückkopplungen nicht a priori stabil. Sie beinhalten, selbst wenn sie unter Beachtung von Stabilitätsbedingungen entworfen sind, bei Zurückführung über zu viele Stufen das Risiko des Auftretens von Grenzzyklen und Überlaufschwingungen und damit die Gefahr der Instabilität.

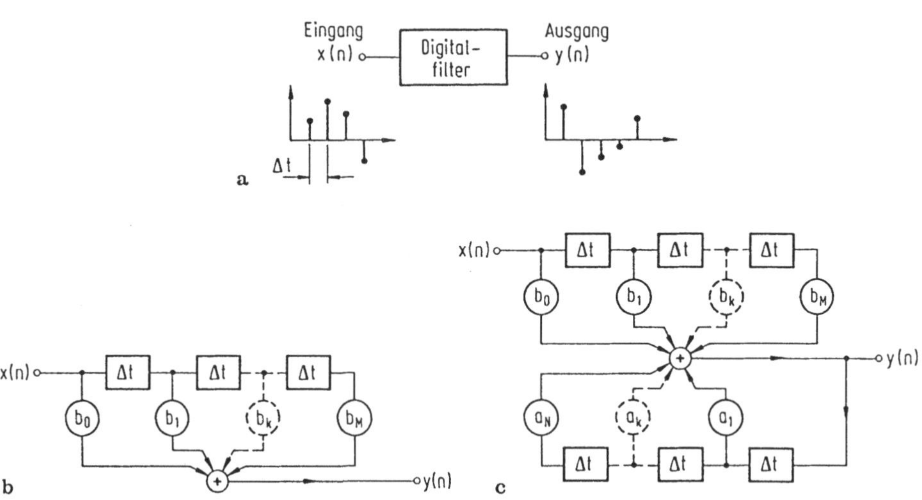


Bild 7.8. Digitale Filter. a) Bezeichnungen, b) Signalflußdiagramm eines nicht rekursiven Filters, c) Signalflußdiagramm eines rekursiven Filters.

Eine Methode zur Verbesserung des spektralen Auflösungsvermögens über die klassischen Grenzen des Rayleighkriteriums hinaus bieten die modernen spektralen Schätzverfahren [7.4]. Durch Erstellung geeigneter Signalmodelle ist es aufgrund der gemessenen Abtastwerte möglich, weitere zusätzliche Abtastwerte vorherzusagen. Statt weitere Abtastwerte einfach Null zu setzen, werden hier Abtastwerte verwendet, die mit den gemessenen Signalwerten vereinbar sind und zugleich das größte Maß an Zufälligkeit (Entropie) aufweisen. Damit stellt man sicher, daß durch die Vorhersage keine Information hinzugefügt wird. Aufgrund der zusätzlich gewonnenen Abtastwerte ist eine Berechnung des Spektrums mit höherer Auflösung (Superauflösung) möglich. Im Unterschied zu den klassischen Verfahren der Signalanalyse handelt es sich hier um nichtlineare Verfahren. Das erhaltene Auflösungsvermögen ist in diesen Fällen vom Signal-Stör-Verhältnis abhängig. Wesentliche Verbesserungen des Auflösungsvermögens lassen sich nur bei gutem Störabstand erreichen. Einen Überblick über diese Verfahren in Hinblick auf ihre Anwendung im Radarbereich gibt [7.5].

## 7.6 Video-Verarbeitung

### 7.6.1 Betragsermittlung

Wie bereits erwähnt, liegen die Abtastwerte am Ausgang des digitalen Filters im Spektralbereich zunächst nach Real- und Imaginärteil vor. Ein Vergleich der Amplitude des spektralen Abtastwerts mit einem Schwellwert erfordert daher zuerst eine Betragsbildung. Die Berechnung des Betrages B nach Gl. (7.16) ist eine sehr rechenzeitintensive Operation, die heute mit Hilfe von Numerikprozessoren schnell durchgeführt werden kann.

$$B = \sqrt{U_R^2 + U_I^2} \tag{7.16}$$

Andererseits kann der Betrag näherungsweise ohne die umständlichen Operationen des Quadrierens und des Wurzelziehens bei erträglichen Fehlern nach Gl. (7.17) ermittelt werden.

$$\begin{aligned} B &\approx |U_R| + k\,|U_I| \qquad \text{für} \quad |U_R| \geq |U_I| \\ B &\approx |U_I| + k\,|U_R| \qquad \text{für} \quad |U_R| < |U_I| \end{aligned} \tag{7.17}$$

Die Rechenvorschrift nach Gl. (7.17) läßt sich durch einen Aufbau nach Bild 7.9 realisieren. Die Beträge von Real- und Imaginärteil werden durch einen Komparator miteinander verglichen. Das Vergleichsergebnis bestimmt, welcher Betrag direkt zum Summationpunkt durchgeschaltet wird und welcher vorher mit dem Faktor k bewertet wird. Bei binärer Zahlendarstellung kann der Faktor $k=0.5$ besonders einfach durch Rechtsverschieben um eine Stelle realisiert werden. Damit entfallen alle rechenzeitintensiven mathematischen Operationen. Das Ergebnis der näherungsweisen Betragsbildung ist im Mittel größer als der exakte Betrag. Der maximale Fehler, der

Effektivwert des Fehlers und der Mittelwert sind - bezogen auf den exakten Betrag - in Tab. 7.1 für verschiedene Werte von k angegeben.

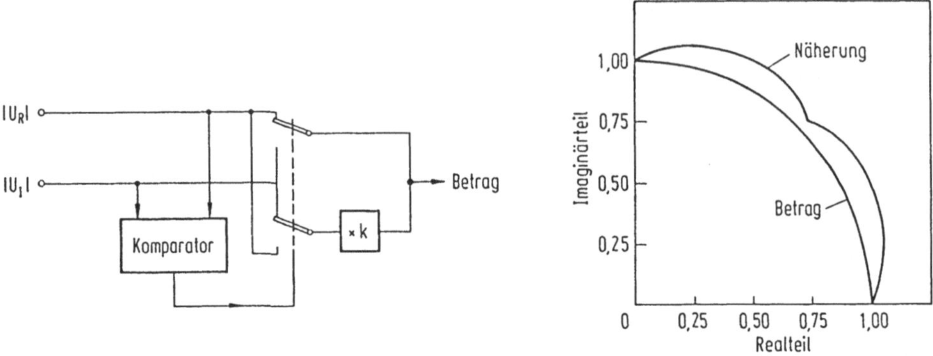


Bild 7.9. Näherungsweise Betragsbildung. a) Blockschaltbild, b) graphische Darstellung.

*Tabelle 7.1. Fehler der Betragsbildung nach Gl. (7.17)*

| k | max. Fehler | Effektivwert | Mittelwert |
|---|---|---|---|
| 0,375 | 6,5% | 2,5% | 5,5% |
| 0,414 | 5,2% | 2,4% | 4% |
| 0,5 | 8% | 3% | 8,7% |

## 7.6.2 Integration der gefilterten Signale

Die am Ausgang des Dopplerprozessors auftretenden spektralen Amplituden sind wie die Eingangssignale Fluktuationen unterworfen, die mit Hilfe einer Tiefpaßfilterung oder Integration geglättet werden können. Eine einfache Lösung ist die Verwendung einer digitalen Integrationsschaltung nach Bild 7.10, bei der das am Ausgang des Integrators liegende Signal zum Eingangssignal addiert wird. Die Impulsantwort dieses Filters ist eine Folge von Diracimpulsen, die Sprungantwort wächst unbegrenzt, so daß der Integrator nach einer vorzugebenden Zeit wieder zu Null gesetzt werden muß. Der Verarbeitungsgewinn wird durch diese Schaltung dadurch erzielt, daß der am Eingang anliegende Betrag in ein linear mit der Anzahl n der Impulse ansteigendes Ausgangssignal verwandelt wird, während die nicht korrelierten Rauschanteile nur mit der Wurzel aus der Zahl n der Eingangsimpulse ansteigen. Gl. (2.65) beschreibt die erreichbare Verbesserung des Signal-Stör-Abstandes. Problembehaftet ist dabei die Notwendigkeit, das Ausgangssignal von Zeit zu Zeit nach einem geeigneten Kriterium wieder zu Null zu setzen.

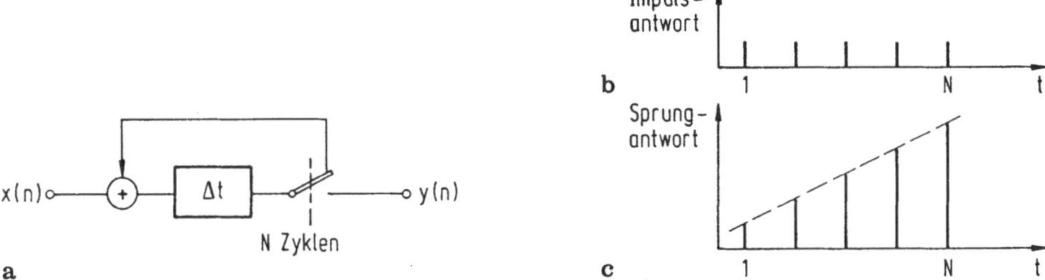


Bild 7.10. Integrationsschaltung zur Betragsfilterung.a) Blockschaltbild, b) Impulsantwort, c) Sprungantwort.

Dies kann mit einer Integrationsschaltung mit Rückkopplung vermieden werden. In diesem Fall ist nach Bild 7.11 die Impulsantwort eine mit dem Rückkopplungsfaktor k abklingende Funktion und die Sprungantwort erreicht nach einer Einschwingzeit $T_E$ einen endlichen Sättigungswert $B_E$, der als Summe einer unendlichen geometrischen Reihe ermittelt werden kann.

$$B_E = \sum_{n=1}^{\infty} k^{n-1} = 1/(1-k) \qquad (7.19)$$

$$T_E/\Delta t = -1/\ln(k)$$

$\Delta t$ : Abtastintervall

Bezüglich des Rauschens summieren sich die nicht korrelierten Rauschleistungsbeiträge zum Ausgangspegel $B_N$ nach Gl. (7.20).

$$B_N^2 = \sum_{n=1}^{\infty} k^{2(n-1)}$$

$$B_N = 1/\sqrt{1-k^2} \qquad (7.20)$$

Man erhält zwar gegenüber dem Fall ohne Rückführung eine geringere Verbesserung des Signal-Stör-Abstandes, hat aber den Vorteil, die Schaltung nicht mehr zurücksetzen zu müssen. Für die Verbesserung durch Integration ergibt sich in diesem Fall:

$$(S/N)_{Int} = (1+k)/(1-k) \qquad (7.21)$$

Die durch Integration erhaltenen Ausgangssignale können nun mit einem Schwellwert verglichen werden, der dann die Ja-Nein-Entscheidung über das Vorhandensein eines Ziels fällt. Lösungen, die einen adaptiven Schwellwert benutzen, der aus den Störechosignalen abgeleitet wird (CFAR-Schaltung=Schaltung mit konstanter Falschmelderate), können dabei verwendet werden. Es ist aber auch eine weitere Mittelwertbildung an den dann in binärer Form vorliegenden Ergebnissen der digitalen Signalverarbeitung durchführbar. Für diese zusätzliche Videointegration können der Markov Zähler, der M aus N Detektor, sowie der Wanderfensterdetektor eingesetzt werden [7.6].

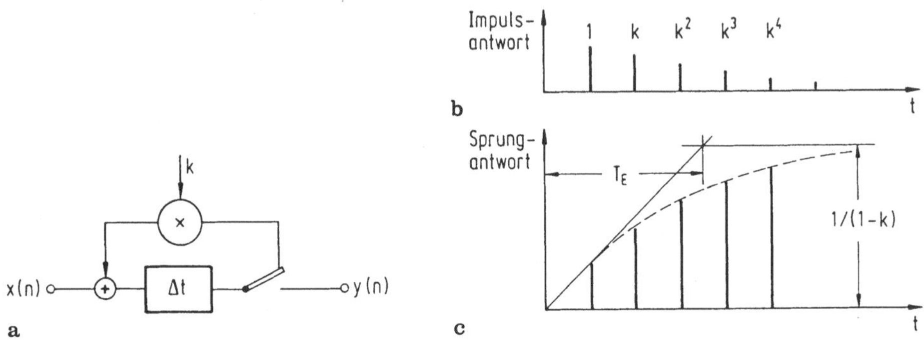


Bild 7.11. Integrationsschaltung mit Rückführung.a) Blockschaltbild, b) Impulsantwort, c) Sprungantwort.

## 7.7 Radardatenverarbeitung

Viele moderne Radarsysteme und speziell Multifunktionsradarsysteme mit mehreren Betriebsmoden sind als sehr komplexe Meßsysteme zu betrachten. Es ist daher heute selbstverständlich, daß zur Einstellung der verschiedenen Betriebsmoden und zur Aufrechterhaltung des Betriebs eines derartigen Systems alle Möglichkeiten der digitalen Steuerung und Überwachung eingesetzt werden. Neben den Aufgaben der Radarsignalverarbeitung, die in den vorausgegangenen Abschnitten dargestellt wurden und üblicherweise von einem schnellen Signalprozessor übernommen werden, gibt es daher, wie in Bild 7.12 dargestellt, einen übergeordneten Radardatenprozessor, der alle darüber hinausgehenden Aufgaben durchführt.

Die Aufgabenteilung zwischen Radarsignalprozessor und Radardatenprozessor geschieht meist in der Weise, daß ersterer alle häufig vorkommenden, schnell durchzuführenden und üblicherweise einfachen Berechnungen mit hoher Geschwindigkeit erledigt. Dem Radardatenprozessor werden dagegen alle routinemäßigen Steuerungs- und Berechnungsaufgaben für die verschiedensten Baueinheiten des Radarsystems zugewiesen. Er setzt die Anweisungen des Benutzers in Befehle für die einzelnen Baueinheiten um, plant den Ablauf und koordiniert den Wechsel zwischen verschiedenen Betriebsmoden, wählt geeignete Suchalgorithmen aus, steuert aufgrund der Ausgangsdaten des Signalprozessors die Parameter für die Zielerkennung, übernimmt Spurinitiierung und Spurbildung z.B. unter Verwendung von Kalmanfiltern, dokumentiert den Betriebszustand und überwacht aufgrund eingebauter Testeinrichtungen (*BITE* = *Built-In Test Equipment*) die Funktionsfähigkeit des Radarsystems.

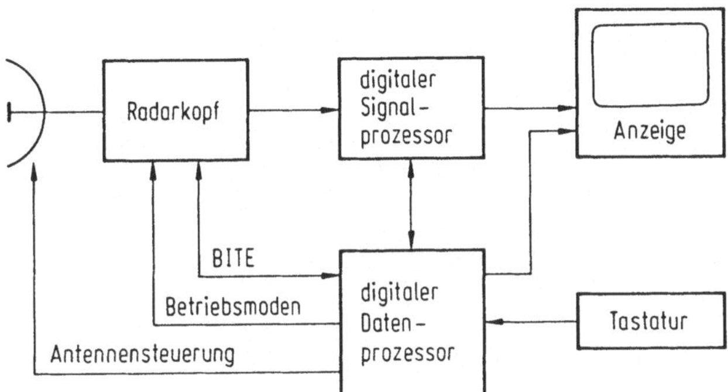


Bild 7.12. Zuordnung von Radarsignal- und Radardatenprozessor bei einem Multifunktions-Puls-Doppler-Radar.

## Literatur zu Kapitel 7

[7.1] Achilles, D.: Die Fouriertransformation in der Signalverarbeitung, Berlin: Springer 1978, S. 77 ff.

[7.2] Achilles, D.: Die Fouriertransformation in der Signalverarbeitung, Berlin: Springer 1978, S. 100 ff.

[7.3] Azizi, A.: Entwurf und Realisierung digitaler Filter, München: Oldenbourg, 1981.

[7.4] Childer, D., Ed.: Modern Spectrum Analysis, New York: IEEE Press, 1978

[7.5] Nickel, U.: Angular superresolution with phased array radar: a review of algorithms and operational constraints, IEE Proc., Vol. 134, Pt. F, No. 1, Febr. 87, S. 53-59.

[7.6] Ohlson, J.: Advanced Radar Systems, CCG-Lehrgang, Oberpfaffenhofen, 1977.

# 8 Radarsignaltheorie

## 8.1 Einführung

In diesem Kapitel sollen die grundsätzlichen Fragen der Auswahl geeigneter Radarsignale und des Auffindens dazu passender Signalverarbeitungsmethoden behandelt werden. Die Forderung nach einem hohen Entfernungsauflösungsvermögen ist nach Gl. (2.19) gleichbedeutend mit der Verwendung eines Signals mit hoher Bandbreite B. Für eine gute Geschwindigkeitsauflösung wird andererseits nach Gl. (4.7) eine lange Meßdauer T notwendig. Es ist daher zu vermuten, daß Signale mit einem hohen Produkt von Zeitdauer mal Bandbreite beide Forderungen erfüllen.

Betrachtet man einen einzelnen Impuls eines Pulsradars unter diesen Gesichtspunkten, so weist das Produkt von Zeitdauer $t_p$ und Bandbreite nach Gl. (2.14) nur den Wert 1 auf.

$$B \cdot t_p = 1 \tag{8.1}$$

Mit diesem Impuls läßt sich zwar die Entfernung des Objekts, nicht aber seine Geschwindigkeit mit hoher Genauigkeit ermitteln.

Ein Dauerstrichradar ohne Frequenzmodulation, das näherungsweise ein Signal mit der Bandbreite Null aussendet, besitzt dagegen kein Entfernungsauflösungsvermögen, gestattet aber eine der Meßzeit entsprechende Auflösung von Objekten mit unterschiedlicher Geschwindigkeit.

Für eine Folge von n Einzelimpulsen mit der Gesamtdauer T, die einen genügend kleinen Abstand aufweisen, um das Abtasttheorem für die Dopplerfrequenz zu erfüllen, wird das Produkt Zeitdauer mal Bandbreite bereits $Tp/t_p$-mal so groß. Damit lassen sich sowohl Entfernung als auch Geschwindigkeit mit entsprechender Genauigkeit bestimmen. Aufgrund dieser Überlegungen erscheint es sinnvoll, grundsätzlich Signalformen zu verwenden, die ein hohes Zeitdauer-Bandbreite-Produkt aufweisen. Naheliegend ist z.B. die Wahl eines langen Impulses, der zugleich noch in der Frequenz moduliert wird. Je nach Wahl von Impulsdauer T und Frequenzhub B läßt sich damit ein Signal mit entsprechend großem Zeitdauer-Bandbreite-Produkt erreichen.

Die Frage, die aber an dieser Stelle noch behandelt werden muß, ist die nach geeigneten und optimalen Methoden der Signalverarbeitung. Geht man von einer nach Zeitdauer- und Bandbreiteüberlegungen ausgewählten Signalform aus, so bleibt die Frage, wie dieses Signal verarbeitet werden muß, um z.B. die Entdeckungswahrscheinlichkeit für ein Objekt zu maximieren und das in der Signalform steckende Auflösungsvermögen hinsichtlich Laufzeit und Entfernung voll zu nutzen. Es ist dazu sinnvoll, zunächst das Problem der Zielentdeckung zu behandeln, weil die sich dabei ergebende Lösung auch die Fragen nach dem Auflösungsvermögen beantwortet.

Im Unterschied zur Energietechnik und zur Kommunikationstechnik geht es im Radarfall dabei um die Maximierung des **momentan** am Empfängerausgang auftretenden Signal-Stör-Verhältnisses.

$$(S/N)_{max} = \frac{\text{max. }\textbf{moment.}\text{ Ausgangsleistung}}{\text{mittl. Ausgangsrauschleistung}}$$

## 8.2 Optimale Radarsignalverarbeitung

Zunächst soll in diesem Abschnitt die Frage der optimalen Signalverarbeitung geklärt werden. Anhand der in diesem Fall entstehenden Ausgangssignale kann dann auf die Anforderungen an das Sendesignal geschlossen werden.

Für die hier durchzuführenden Überlegungen wird von einem reellen Sendesignal s(t) ausgegangen, dem nach Gl. (8.2) ein komplexes Sendespektrum S(f) zugeordnet ist.

$$\begin{aligned} S(f) &= FT\{s(t)\} = \int_{-\infty}^{+\infty} s(t)\cdot\exp(-j2\pi ft)dt \\ H(f) &= FT\{h(t)\} \end{aligned} \tag{8.2}$$

Der Empfänger besitze eine Übertragungsfunktion H(f), aus der notwendige frequenzunabhängige Verstärkungsfaktoren ausgeklammert seien, und die im Zeitbereich durch eine Impulsantwort h(t) beschrieben werden kann. Das auftretende Empfängerausgangssignal g(t) erhält man durch inverse Fouriertransformation des Ausgangsspektrums $G(f)=S(f)\cdot H(f)$.

$$g(t) = FT^{-1}\{S(f) \cdot H(f)\} = \int_{-\infty}^{+\infty} S(f) \cdot H(f) \cdot \exp(j2\pi ft)df \tag{8.3}$$

Die mittlere Rauschleistung am Empfängerausgang berechnet sich aus der Rauschleistungsdichte $N_0$ an 1Ω nach Gl. (8.4), wobei der Faktor ½ berücksichtigt, daß sich die Integration über positive und negative Frequenzen erstreckt und weißes Rauschen am Empfängereingang vorausgesetzt ist.

$$N = N_0/2 \int_{-\infty}^{+\infty} |H(f)|^2 df \tag{8.4}$$

$N_0 = kT_o$ : Rauschleistungsdichte (W/Hz)

Die Energie E des Sendesignals ergibt sich nach dem Parsevalschen Satz gleichermaßen aus dem Zeitsignal wie aus der spektralen Verteilung.

$$E = \int_{-\infty}^{+\infty} s^2(t)dt = \int_{-\infty}^{+\infty} |S(f)|^2 \, df \tag{8.5}$$

Das maximale Empfängerausgangssignal trete zum Zeitpunkt $t = t_0$ am Ausgang auf. Gl. (8.6) gibt dann in allgemeiner Form das zu diesem Zeitpunkt festzustellende Verhältnis von Signal- zu Rauschleistung an, das zusätzlich auf die Empfangsenergie E bezogen werde.

$$\frac{|g(t_0)|^2}{N \, E} = \frac{\left| \int_{-\infty}^{+\infty} S(f) \cdot H(f) \cdot \exp(j2\pi ft_0)df \right|^2}{N_0/2 \int_{-\infty}^{+\infty} |H(f)|^2 df \int_{-\infty}^{+\infty} |S(f)|^2 df} \tag{8.6}$$

Dieser Ausdruck kann mit Hilfe der Schwarzschen Ungleichung

$$\left| \int_{-\infty}^{+\infty} f^*(x) \cdot g(x)dx \right|^2 \le \int_{-\infty}^{+\infty} |f(x)|^2 dx \cdot \int_{-\infty}^{+\infty} |g(x)|^2 dx$$

abgeschätzt werden. Man erhält

$$\frac{|g(t_0)|^2}{N} \leq \frac{2\,E}{N_0} \tag{8.7}$$

Nachdem die Rauschleistungsdichte $N_0$ nicht beeinflußt werden kann, läßt sich aus Gl. (8.7) die wichtige Aussage ableiten, daß der maximale Signal-Störabstand am Empfängerausgang nur von der Signalenergie abhängig ist.

Dieses Verhältnis läßt sich bei optimaler Signalverarbeitung erreichen. Es läßt sich nun durch Einsetzen in Gl. (8.6) zeigen, daß dieses optimale Ergebnis erreicht werden kann, wenn man nach Gl. (8.8) die Empfängerübertragungsfunktion H(f) so wählt, daß ihr konjugiert komplexer Wert gleich dem Signalspektrum S(f) ist.

$$H^*(f) = S(f) \tag{8.8}$$

Ein Filter mit einer derartigen Übertragungsfunktion bezeichnet man als Optimalfilter (matched filter) für das Signal, weil es bei weißem Rauschen als Störprozeß die bestmögliche Signalaufbereitung gewährleistet. Für die Realisierung eines Optimalfilters ist seine Impulsantwort von Interesse. Sie ergibt sich nach Gl. (8.9) aus der inversen Fouriertransformierten der Übertragungsfunktion.

$$h_0(t) = FT^{-1}\{S^*(f)\} = s(-t) \tag{8.9}$$

Die Impulsantwort des Optimalfilter entspricht dem Verlauf des Sendesignals, aber mit umgekehrt verlaufender Zeitachse. Zur Realisierung des Filters ist daher stets eine zusätzliche Verzögerung erforderlich. Das Ausgangssignal des Empfängerfilters ergibt sich allgemein als Faltung des Signals s(t) mit der Impulsantwort h(t) des Filters

$$g(t) = s(t) * h(t) = \int_{-\infty}^{+\infty} s(t') \cdot h(t-t')\,dt',$$

die sich bei Verwendung des Optimalfilters in der Form

$$g(t) = \int_{-\infty}^{+\infty} s(t') \cdot s^*(t'-t)\,dt' \tag{8.10}$$

schreiben läßt.

Gl. (8.10) zeigt auf, daß ein Optimalfilter durch einen Korrelationsempfänger nach Bild 8.1 realisiert werden kann, bei dem das Empfangssignal e(t) multiplikativ mit einem um eine Laufzeit $\tau$ verzögerten Abbild des konjugiert komplexen Sendesignals s(t) verknüpft wird und über dieses Produkt integriert wird. Als Ausgangssignal des Empfängers erhält man die Kreuzkorrelationsfunktion von Empfangs- und Sendesignal

$$g(\tau) = \int_{-\infty}^{+\infty} [s(t-\tau_1)+n(t)]\cdot s^*(t-\tau)dt = R(\tau-\tau_1).$$

Bei richtiger Einstellung der Verzögerungszeit passen Signalfunktion und Musterfunktion zueinander und ergeben das maximale Ausgangssignal, das bei optimaler Signalverarbeitung erreichbar ist.

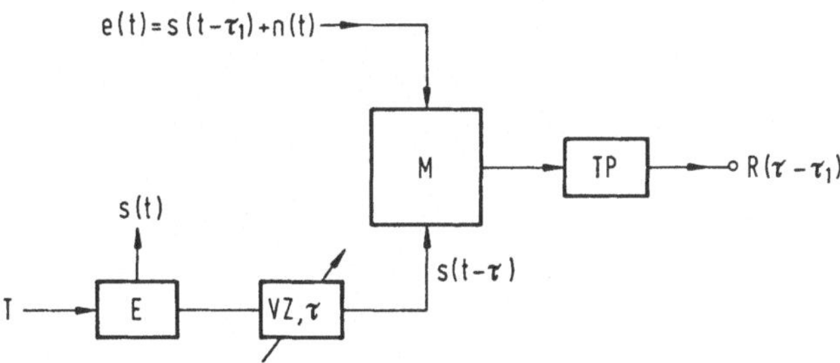


Bild 8.1. Korrelationsempfänger als Optimalfilter

## 8.3 Mehrdeutigkeitsfunktion

Die Darstellung des Ausgangssignals des Optimalfilters in einer auf die Objektkoordinaten bezogenen Laufzeit-Dopplerfrequenzebene bezeichnet man als Mehrdeutigkeitsfunktion (*ambiguity function*). Man definiert nach Gl. (8.11) als Mehrdeutigkeitsfunktion das zweidimensionale Korrelationsergebnis zwischen dem zeitverzögerten Sendesignal $s_0(t-\tau)$ und dem im allgemeinen Fall um die Dopplerfrequenz $f_d$ frequenzverschobenen Empfangssignal. Zur Darstellung in der Laufzeit-Dopplerfrequenz-Ebene werden Laufzeit- und Dopplerfrequenzdifferenzen verwendet. Sie sind in der Literatur so definiert, daß $\tau$ größer Null ist, wenn die tatsächliche Objektentfernung größer als die der Musterfunktion zugeordnete Entfernung ist, und daß $f_d$ dann positiv ist, wenn sich das Objekt mit größerer Geschwindigkeit dem Radar nähert, als in der Musterfunktion berücksichtigt. Dabei wird in den Definitionsgleichungen üblicherweise die von der Mittenfrequenz befreite komplexe Amplitude $s_0(t)$ verwendet.

$$|\chi(\tau,f_d)| = \left|\int_{-\infty}^{+\infty} s_0(t)\cdot s_0^*(t+\tau)\cdot \exp(j2\pi f_d t)dt\right| =$$

$$= \left|\int_{-\infty}^{+\infty} S_0^*(f)\cdot S_0(f-f_d)\cdot \exp(j2\pi\tau f)df\right| \qquad (8.11)$$

$$\text{mit } s(t) = \mathrm{Re}\{s_0(t)\cdot \exp(j2\pi f_s t)\}$$

Die Mehrdeutigkeitsfunktion hat eine Reihe wichtiger Eigenschaften, mit denen sich in allgemeiner Form die Brauchbarkeit eines Radarsignals für die jeweilige Anwendung beurteilen läßt. So ist das Maximum, das stets im Koordinatenursprung liegt, nach Gl. (8.12) gleich dem doppelten Wert der Signalenergie E. In der Literatur wird häufig die auf die Signalenergie normierte Mehrdeutigkeitsfunktion dargestellt.

$$|\chi(\tau,f_d)| \le |\chi(0,0)| = 2E \qquad (8.12)$$

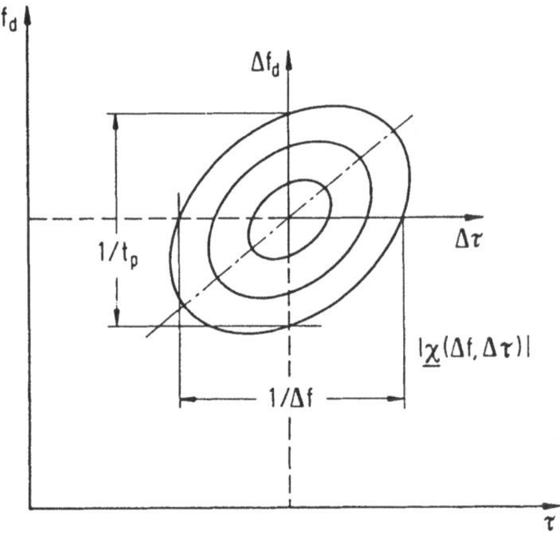


**Bild 8.2.** Schnitt durch die Mehrdeutigkeitsfunktion in der Laufzeit-Dopplerfrequenz-Ebene am Beispiel eines linear frequenzmodulierten Radarimpulses

Der Zahlenwert der Mehrdeutigkeitsfunktion wird häufig in einer dreidimensionalen Darstellung über der Laufzeit-Dopplerfrequenz-Ebene aufgetragen. Für Radarsignale mit gleicher Energie ist dabei das Volumen unter der Mehrdeutigkeitsfunktion, d.h. nach Gl. (8.13) die gesamte "Mehrdeutigkeit" gleich, sie kann aber je nach speziellem Signal sehr unterschiedlich in der Laufzeit-Dopplerfrequenz-Ebene verteilt sein.

$$\int_{-\infty}^{+\infty} |\chi(\tau, f_d)|^2 \, d\tau df_d = |\chi(0,0)|^2 = 4E^2 \qquad (8.13)$$

Die Genauigkeit, mit der man mit einem Radarsignal Entfernung und Geschwindigkeit messen kann, wird durch einen Schnitt durch die Mehrdeutigkeitsfunktion charakterisiert. Man erhält nach Bild 8.2 näherungsweise ellipsoidartige Schnittflächen, die den Bereich angeben, in dem die nicht voneinander unabhängigen Meßgrößen Entfernung und Geschwindigkeit mit einer bestimmten Wahrscheinlichkeit liegen. Ist eine der beiden Meßgrößen bekannt, so kann durch die Abmessungen der Schnittfläche in Richtung der jeweiligen Koordinatenachse für das verwendete Signal die bei optimaler Signalverarbeitung erreichbare Genauigkeit der Laufzeit- und Dopplerfrequenzbestimmung nach Gl. (8.14) und Gl. (8.15) durch ihre Varianzen angegeben werden. Für hohe Meßgenauigkeiten ist neben einer geeigneten Signalform ein Signal mit hoher Energie erforderlich. Für die Länge $\sigma_{fd}$ bzw. $\sigma_r$ des Abschnittes längs der Dopplerfrequenz- bzw. Laufzeitachse erhält man

$$\sigma_{fd}^2 = N_0/(2E\alpha^2) \quad \text{mit}$$
$$2\,E\,\alpha^2 = (2\pi)^2 \cdot \int_{-\infty}^{+\infty} t^2 \cdot |s_0(t)|^2 \, dt \quad \text{und} \qquad (8.14)$$

$$\sigma_\tau^2 = N_0/(2E\beta^2) \quad \text{mit}$$
$$2\,E\,\beta^2 = (2\pi c)^2 \cdot \int_{-\infty}^{+\infty} f^2 \cdot |S_0(f)|^2 \, df \quad \text{und} \qquad (8.15)$$

$$E = \tfrac{1}{2} \int_{-\infty}^{+\infty} |s_0(t)|^2 \, dt$$

Für Meßgenauigkeit und Auflösungsvermögen in Entfernung und Geschwindigkeit sind nach Gl. (8.14) und Gl. (8.15) die auf die Signalmittenfrequenz bezogenen Momente zweiter Ordnung der Zeit- bzw. Spektralfunktion maßgebend. Zu einer Spezifikation des Auflösungsvermögens mit Hilfe der Mehrdeutigkeitsfunktion gelangt man, wenn man diese auf ihr Maximum normiert. Zwei Objekte gleicher Amplitude werden in der Laufzeit-Dopplerebene dann voneinander getrennt dargestellt, wenn sich die Mehrdeutigkeitsfunktionen nicht überdecken. Als Bereichsgrenze, die angibt, wie weit zwei Objekte voneinander entfernt sein müssen, um gerade noch bzw. gerade nicht mehr zu einer getrennten Anzeige zu führen, wird der durch die 3dB-

Grenze eingegrenzte Bereich der Mehrdeutigkeitsfunktion verwendet. Die entstehende Schnittfläche beschreibt daher die Auflösungszelle für kombinierte Laufzeit- und Dopplerfrequenzmessungen und gestattet damit eine Beurteilung der Signalform. Durch eine Reihenentwicklung der Mehrdeutigkeitsfunktion um den Ursprung [8.1] ist es möglich, diese Fläche näherungsweise als Ellipsengleichung anzugeben. Die Gl. (8.16) enthält zusätzlich zu den oben definierten Streuungen $\sigma_{fd}$ und $\sigma_\tau$ noch einen Koeffizienten $\mu$, der aus Gl. (8.17) berechnet werden kann und die Verkopplung zwischen Laufzeit und Geschwindigkeitsmessung charakterisiert.

$$[\tau/\sigma_\tau]^2 - 2\mu\cdot[\tau/\sigma_\tau]\cdot[f_d/\sigma_{fd}] + [f_d/\sigma_{fd}]^2 = 1/4 \qquad (8.16)$$

$$\mu = -(2\pi)/(\alpha\beta)\cdot \mathrm{Im}\left(\int_{-\infty}^{+\infty} t\cdot s_0(t)[s_0^*(t)]'\,dt\right) \qquad (8.17)$$

## 8.4 Mehrdeutigkeitsfunktionen einfacher Radarsignale

Zur Veranschaulichung des Umgangs und der Interpretion der Mehrdeutigkeitsfunktion soll diese für einfache Beispiele ermittelt werden. Zunächst werde nach Bild 8.3 ein nicht frequenzmoduliertes Dauerstrichsignal der Dauer T betrachtet. Je nach Wahl der Zeitdauer läßt sich damit ein Dauerstrichradar mit der Meßzeit T oder ein Pulsradar, bei dem nur ein Sendeimpuls verwendet wird, beschreiben. In diesem Fall wird das Signal durch Gl. (8.18) beschrieben.

$$s(t) = \begin{cases} \exp(j2\pi f_s t) & \text{für } 0 \le t < T \\ 0 & \text{sonst} \end{cases}$$

$$s_0(t) = \begin{cases} 1 & \text{für } 0 \le t < T \\ 0 & \text{sonst} \end{cases} \qquad (8.18)$$

In diesem Fall ergibt sich mit Hilfe von Gl. (8.11) für die Mehrdeutigkeitsfunktion Gl. (8.19), deren Verlauf in Bild 8.3 ebenfalls dargestellt ist.

$$\chi(\tau, f_d) = (1 - |\tau|/t_p)\,\frac{\sin[\pi f_d t_p(1-|\tau|/t_p)]}{\pi f_d t_p(1-|\tau|/t_p)} \qquad (8.19)$$

$$= 0 \quad \text{für } |\tau| > T$$

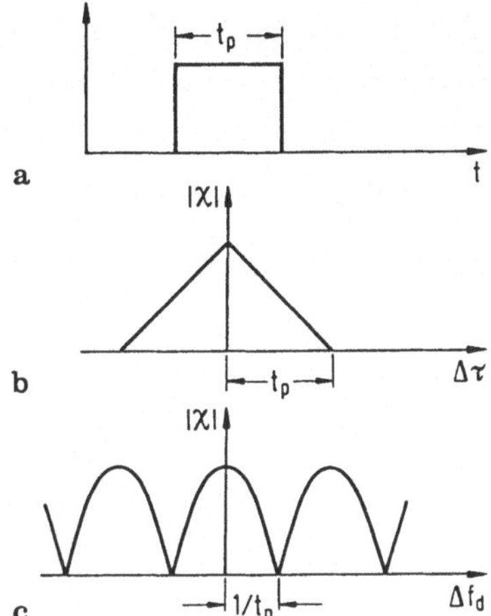


Bild 8.3. Mehrdeutigkeitsfunktion *eines* Impulses. a) Zeitfunktion, b) längs der Laufzeitachse, c) längs der Dopplerfrequenzachse.

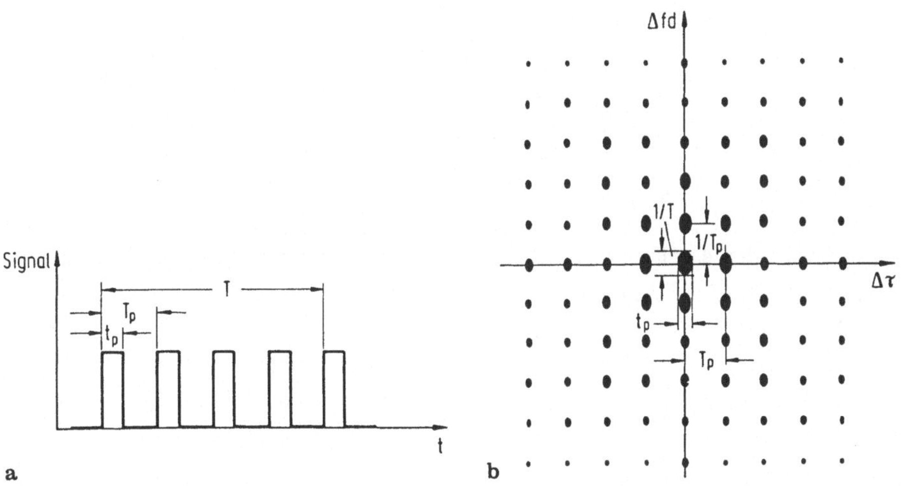


Bild 8.4. Mehrdeutigkeitsfunktion einer Folge von $n_B = 5$ Impulsen. a) Zeitfunktion, b) Schnitt durch die Mehrdeutigkeitsfunktion.

Die Überlegungen können auf eine Folge von $n_B$ Impulsen der Länge $t_p$ ausgedehnt werden. Als Schnitt durch die Mehrdeutigkeitsfunktion findet man dann eine periodische Struktur, die die Mehrdeutigkeiten des Impulsradars erkennen läßt. Nach Bild 8.4 kennzeichnet das periodische Auftreten von Funktionswerten entlang der

Laufzeitachse die Entfernungsmehrdeutigkeit bzw. den Eindeutigkeitsbereich der Laufzeitmessung. Ebenso ist eine eindeutige Geschwindigkeitszuordnung in Übereinstimmung mit dem Abtasttheorem nur innerhalb des um den Ursprung zentrierten freien Bereichs entlang der Dopplerfrequenzachse möglich. Für den Fall einer unendlich langen Impulsfolge, die den normalen Impulsradarbetrieb kennzeichnet, nehmen die Amplituden der Nebenmaxima entlang der Laufzeitachse nicht mehr ab.

Als nächstes wird ein Impuls der Dauer T betrachtet, der gleichzeitig linear mit dem Frequenzhub Δf frequenzmoduliert ist. Gl. (8.20) beschreibt den Verlauf der komplexen Amplitude, deren Phase sich quadratisch als Funktion der Zeit ändert.

$$s_0(t) = \begin{cases} \exp(j2\pi \cdot \tfrac{1}{2}\Delta f/T \cdot t^2) & \text{für } 0 \le t < T \\ 0 & \text{sonst} \end{cases} \tag{8.20}$$

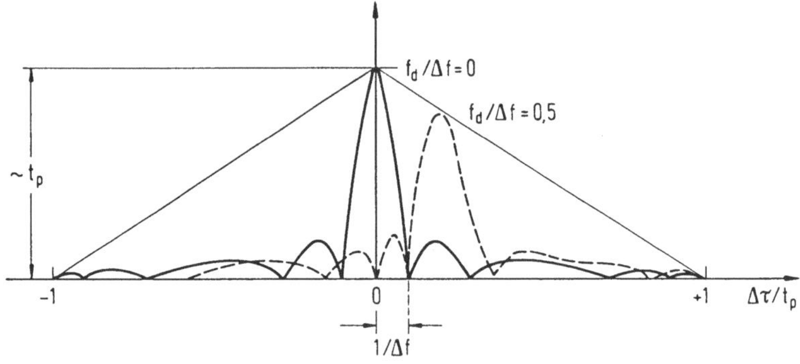


Bild 8.5. Schnitt durch die Mehrdeutigkeitsfunktion eines linear frequenzmodulierten Impulses der Dauer $t_p$, Darstellung längs der Laufzeitachse

Die Mehrdeutigkeitsfunktion des linear frequenzmodulierten Impulses ist nach Bild 8.2 eine ellipsenähnliche Schnittfläche, deren Hauptachsen nicht mit den Koordinatenachsen zusammenfallen. Sie läßt sich so interpretieren, daß für ein Objekt, von dem a priori bekannt ist, daß es sich nicht bewegt, das entfernungsmäßige Auflösungsvermögen durch die reziproke Bandbreite der Frequenzmodulation bestimmt ist, bei unbekannter Geschwindigkeit es aber von der Geschwindigkeit beider Objekte abhängt, ob eine Auflösung möglich ist. Unterscheiden sich die Geschwindigkeiten zweier Objekte in annähernd gleicher Entfernung gerade so, daß das schnellere Objekt mit einer um $f_d$ höheren Dopplerfrequenz gerade um ein der Impulsdauer T entsprechendes Laufzeitinkrement weiter weg ist, so ist in diesem Fall das Entfernungsauflösungsvermögen nicht durch den Frequenzhub, sondern durch die Impulsdauer bestimmt.

Die Mehrdeutigkeitsfunktion gestattet es, nach möglichst idealen Signalformen zu suchen. Wenn keine Vorinformation über die Objektszene vorhanden ist, ist anzustreben, daß nennenswerte Anteile der Mehrdeutigkeitsfunktion nur im Bereich des Hauptmaximums um den Ursprung herum liegen. Ferner sollte sich eine achsensymmetrische Mehrdeutigkeitsfunktion ergeben, damit keine Verkopplung zwischen den zu messenden Größen entsteht. Ist aufgrund von Vorinformationen aber bekannt, daß bestimmte Bereiche der Laufzeit-Dopplerfrequenz-Ebene von den Objektparametern, z.B. durch begrenzte maximale Geschwindigkeit, nicht erreicht werden können, so können Mehrdeutigkeitsfunktionen verwendet werden, die in diesen Bereichen nicht klein sind.

## 8.5 Anwendungen der Radarsignaltheorie

### 8.5.1 Impulskompression

Mit Hilfe der Radarsignaltheorie können, unabhängig von praktischen Einschränkungen hinsichtlich Realisierbarkeit, die Eigenschaften verschiedenster Impulsradarsignale miteinander verglichen werden. Erfüllt man die Forderungen nach hohem Auflösungsvermögen für Entfernung und Geschwindigkeit durch Verwendung von Signalen mit großer Bandbreite und langer Zeitdauer, so bleibt die Frage der Empfängerempfindlichkeit. Vom Standpunkt der Radarsignaltheorie wird gerade die Empfindlichkeit des Empfängers bzw. die Entdeckungswahrscheinlichkeit maximiert, wenn man ein Optimalfilter verwendet. Nach Gl. (8.7) hängt der bei optimaler Signalverarbeitung erzielbare Störabstand nur von der Signalenergie ab. Aus diesem Grund sind Radarsignale mit hoher Energie anzustreben; auf die Höhe der Impulsleistung kommt es bei optimaler Signalverarbeitung nicht an. Durch diese wird aus einem Empfangsimpuls mit bestimmter Energie ein Ausgangsimpuls, bei dem das Verhältnis von momentaner Signal- zu momentaner Störleistung maximiert ist. Dieses ist bei gleicher Energie des Ausgangsimpulses gleichbedeutend mit einer zeitlichen Kompression des Eingangsimpulses.

$$U_E \cdot t_{pE} = U_A \cdot t_{pA}$$

Der Kompressionsfaktor K kann durch die Signalbandbreite B und die Zeitdauer T des Sendesignals nach Gl. (8.21) ausgedrückt werden, wenn man berücksichtigt, daß die Ausgangsimpulsdauer $t_{pA}$ näherungsweise durch die reziproke Bandbreite gegeben ist.

$$K = t_{pE}/t_{pA} = B \cdot T \tag{8.21}$$

Die Impulsamplitude $U_A$ des Ausgangssignals ist dann um diesen Faktor K größer als das Empfängereingangssignal. Bei Aussendung eines Impulses der Dauer $t_{pA}$ hätte man, um gleiche Empfindlichkeit zu erzielen, eine um den Faktor $K^2$ größere Sendeleistung einsetzen müssen. Die Anwendung der impulskomprimierenden Radarsignalverarbeitungsverfahren ist daher zugleich ein Weg, um hohe Sendeleistungen zu vermeiden, bzw. bei gegebener verfügbarer Sendeleistung durch Signalverarbeitung zu höheren wirksamen Impulsleistungen zu kommen.

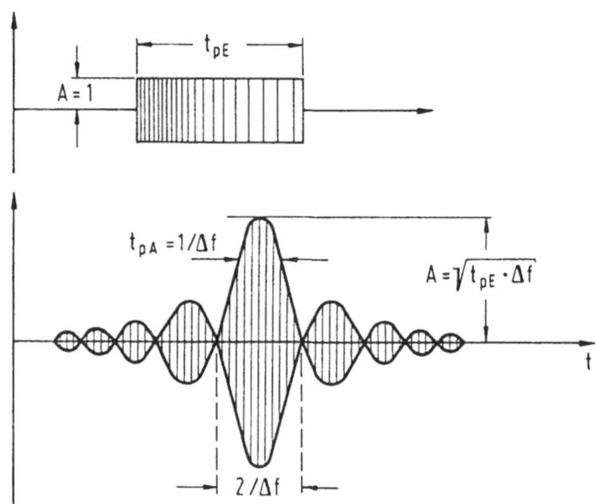


Bild 8.6. Signalamplituden und Impulsbreiten bei Impulskompression.

## 8.5.2 Impulskompression mit linearer Frequenzmodulation

Der in Abschn. 8.4 diskutierte Radarimpuls mit gleichzeitiger linearer Frequenzmodulation läßt sich auch unter dem Stichwort Impulskompression behandeln. Wie bereits einleitend erwähnt, läßt sich ein Signal mit hoher Bandbreite und langer Dauer durch Aussendung eines langen Impulses, der gleichzeitig frequenzmoduliert ist, erzeugen. Man erhält dann den in Bild 8.7 dargestellten Verlauf des Signals im Zeitbereich und das zugehörige Spektrum, das für große Faktoren K nach Gl. (8.21) durch ein Rechteck angenähert werden kann.

Mit den dort angegebenen Parametern beschreibt Gl. (8.22) in Übereinstimmung mit Gl. (4.11) den zeitlichen Verlauf der komplexen Amplitude.

$$s_0(t) = \exp(j\pi \cdot \tfrac{1}{2} \cdot \Delta f/t_p \cdot t^2) \qquad -t_p < t \le t_p \tag{8.22}$$

Das Ausgangssignal des Optimalfilters läßt sich mit Hilfe von Gl. (8.11) berechnen. Man erhält für $|\tau| < T$

$$\chi(\tau, f_d) = \int_{-\infty}^{+\infty} \exp(j2\pi \cdot \tfrac{1}{2} \cdot \Delta f/t_p \cdot t^2) \cdot \exp(-j2\pi \cdot \tfrac{1}{2} \cdot \Delta f/t_p \cdot (t+\tau)^2) \cdot \exp(j2\pi f_d t)\, dt =$$

$$= (t_p - |\tau|) \frac{\sin[\pi \cdot (f_d + \Delta f/t_p \cdot \tau) \cdot (t_p - |\tau|)]}{[\pi \cdot (f_d + \Delta f/t_p \cdot \tau) \cdot (t_p - |\tau|)]} \tag{8.23}$$

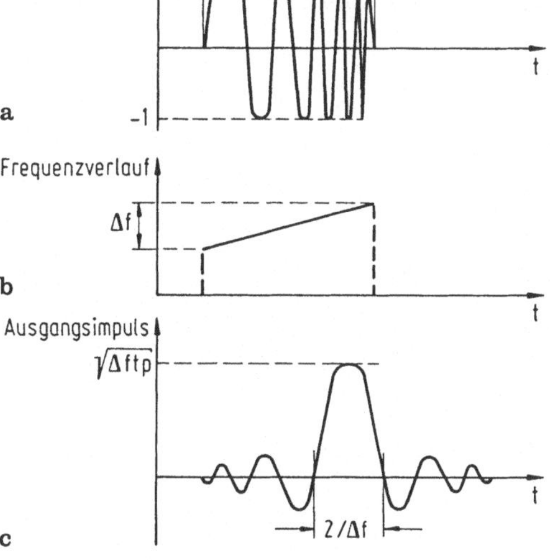


Bild 8.7. Signaldarstellungen für den langen Impuls mit linearer Frequenzmodulation. a) Signalverlauf, b) Momentanfrequenz, c) komprimierter Impuls

Das maximale Ausgangssignal des optimalen Empfängers ergibt sich für $\tau = 0$ und $f_d = 0$.

$$\chi(0,0) = t_p \tag{8.24}$$

Bei normierter Sendeimpulsamplitude ist das maximale momentane Ausgangssignal proportional zur Impulsdauer, also zur Signalenergie. Das entfernungsmäßige Auflösungsvermögen ist durch die Ausdehnung der Mehrdeutigkeitsfunktion in Richtung der Laufzeitachse, und damit durch die halbe Hauptmaximumsbreite der sin(x)/x-Funktion gegeben. Man erhält erwartungsgemäß für $t_p \gg \tau$ das von der Dauer des Sendeimpulses $t_p$ unabhängige Auflösungsvermögen nach

$$\Delta r = c_0/(2\Delta f) \tag{8.25}$$

Die Eigenschaften des linear frequenzmodulierten Radarimpulses lassen sich insgesamt wieder als Schnitt durch die Mehrdeutigkeitsfunktion in der Doppler-Laufzeit-Ebene darstellen. Bild 8.2 zeigt die Konturen der Mehrdeutigkeitsfunktion und die bei Verwendung dieses Signals auftretenden Verkopplungen zwischen Dopplerfrequenz- und Laufzeitmessung. Diese Verkopplung spielt auch beim Dauerstrichradar mit Frequenzmodulation nach Kap. 4.2 eine Rolle, das ebenfalls als Grenzfall mit extrem langer Pulsdauer in diese Überlegungen mit einbezogen werden kann und bei dem bei sägezahnförmiger Frequenzmodulation Doppler- und Entfernungsinformation nicht voneinander getrennt werden können.

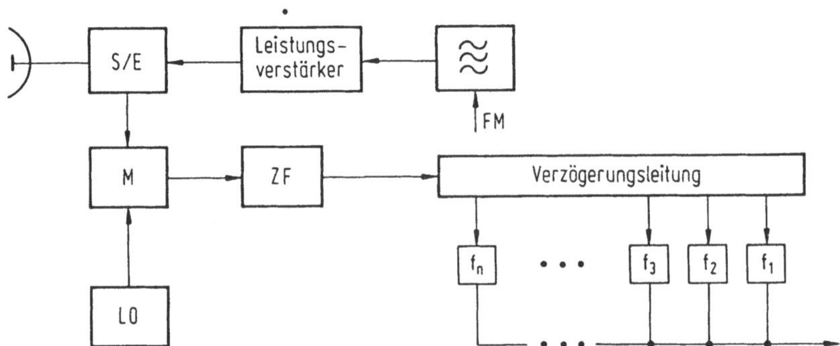


Bild 8.8. Blockschaltbild zur aktiven Erzeugung des Sendeimpulses.

Die für die Verfahren der Impulskompression benötigten Sendeimpulse können aktiv nach Bild 8.8 mit Hilfe eines in der Frequenz modulierbaren Sendeoszillators erzeugt werden. Die Auswertung geschieht mit einem Laufzeitfilter im Zwischenfrequenzbereich. Derartige Laufzeitfilter [8.2] benutzen akustische Oberflächenwellen, die sich auf piezoelektrischen Substraten, vorwiegend auf Lithium-Niobat Einkristallen, ausbreiten. Damit lassen sich dispersive Verzögerungsleitungen realisieren, die nach Bild 8.8 notwendig sind, um die verschiedenen spektralen Anteile des Radarsignals, die zeitlich gestaffelt am Empfänger eintreffen, in unterschiedlicher

Weise so zu verzögern, daß alle Signalanteile zum gleichen Zeitpunkt den Empfängerausgang erreichen.

Die bei dieser Technik auftretenden Probleme mit der Linearität der Frequenzmodulation sowie mit der mangelnden Stabilität der Eigenschaften der Verzögerungsleitung lassen sich vermeiden, wenn man ebenfalls eine Verzögerungsleitung als Expansionsfilter verwendet, das aus einem schmalen Zwischenfrequenzimpuls den zur Aussendung erwünschten langen Impuls erzeugt. Bei diesem passiven Modulationsverfahren nach Bild 8.9 müssen die Übertragungsfunktionen von Expansions- und Kompressionsfilter zueinander konjugiert komplex sein. Man kann für Expansions- und Kompressionszwecke sogar dasselbe Filter verwenden, wenn man bei der Umsetzung der Empfangsfrequenz auf die Zwischenfrequenz durch Wahl der Frequenz des Überlagerungsoszillators dafür sorgt, daß jeweils das andere Seitenband verwendet wird.

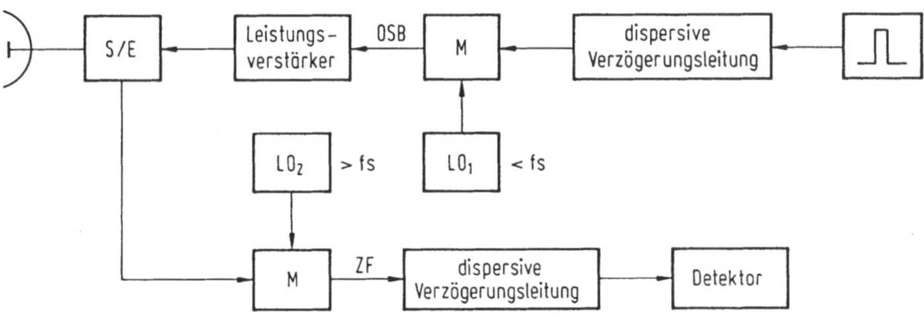


Bild 8.9. Impulskompression mit passiver Erzeugung des Sendeimpulses.

## 8.5.3 Impulskompression mit diskreter Phasenkodierung

Ein linear frequenzmodulierter Impuls nach Gl. (8.22) besitzt eine quadratische Abhängigkeit zwischen Phase und Frequenz. Es ist nun zur Erzeugung eines frequenzmodulierten Signales denkbar, diesen Phasenverlauf digital mit Hilfe von Phasenschiebern nachzubilden. Man kann sich dabei die Periodizität der Phaseninformation zunutze machen. Im einfachsten Fall kann dazu ein $180^0$-Phasenumtaster verwendet werden. Man kommt auf diese Weise zu binär phasencodierten Sendesignalen, die sich durch Gl. (8.26) beschreiben lassen.

$$s(t) = \sum_{n=1}^{N} s_n(t) \cdot \exp(j2\pi f_s t + \theta_n) \qquad 0 \leq t \leq N\Delta t \qquad (8.26)$$

mit $\theta_n = \{0, \pi\}$
$\Delta t$: Zeitinkrement mit konstanter Phase

Üblicherweise beschreibt man die Phase des Sendeimpulses durch den Koeffizienten $c_n$, der bei binärer Phasenumtastung die Werte +1 und -1 annehmen kann. Zur Kennzeichnung der Phasenfolge werden vielfach nur die Vorzeichen des Koeffizienten verwendet.

$$c_n = \exp(j\theta_n) \qquad (8.27)$$

Geeignete Phasencodes lassen sich durch Nachbildung des quadratischen Phasenverlaufs der linearen Frequenzmodulation finden, aber auch durch systematische Suche. Es kann gezeigt werden, daß der Verlauf einer optimalen Mehrdeutigkeitsfunktion entlang der Laufzeitachse nach Bild 8.10 durch ein ebenes Podest der Länge 2T mit der relativen Höhe 1 und ein zentrales Maximum mit der Höhe N gekennzeichnet ist.

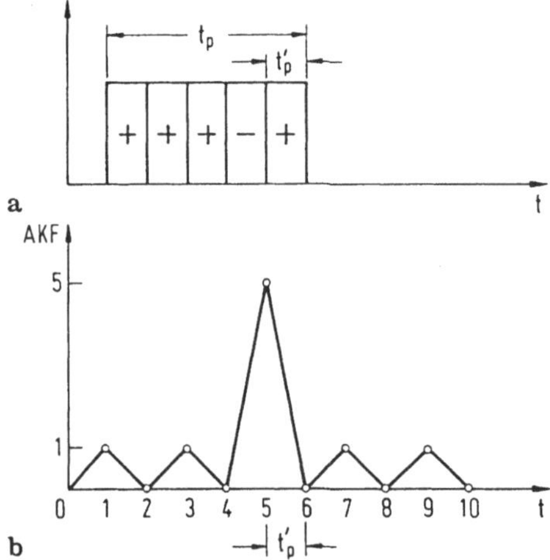


Bild 8.10 Optimaler Phasencode mit N=5, a) Zeitlicher Verlauf, b) Schnitt durch die Mehrdeutigkeitsfunktion eines Phasencodes.

Die Impulsfolgen mit diesem optimalen Verlauf werden als Barker-Folgen bezeichnet. Es gibt aber nur 9 Barker-Folgen mit diesen idealen Eigenschaften, die bis zu 13 Zeitinkremente Dauer aufweisen können. Der Barker-Code mit maximaler Länge wird z.B. durch die Koeffizientenfolge (+ + + + +- - + + - + - +) beschrieben. Für höhere Kompressionsfaktoren verwendet man pseudozufällige Folgen mit möglichst langer Periode. Derartige Folgen können z.B. mit Hilfe eines Schieberegisters mit Datenrückführung nach Bild 8.12 verwirklicht werden.

In dem Beispiel von Bild 8.11 wird der Registerinhalt der Zelle 6 zum Ausgangssignal des Schieberegisters addiert. Der Modulo-2-Addierer liefert ein Ausgangssignal, das Null ist, wenn beide Eingangsignale gleich sind und in allen übrigen Fällen eine Eins (Exklusiv-Oder). Wenn die Ausgangsfolge, wie im vorliegenden Fall, bei Verwendung eines Schiebregisters mit n Stufen die Periode $2^n$-1 aufweist, spricht man von einer Folge maximaler Länge (M-Folge). Bild 8.12 zeigt eine Schaltung mit Verzögerungselementen, die bei Einspeisung an Tor 1 dazu verwendet werden kann, die Sendeimpulsfolge zu erzeugen, und die bei Einspeisung an Tor 2 geeignet ist, die Funktion des angepaßten Filters für den Empfangsimpuls zu übernehmen.

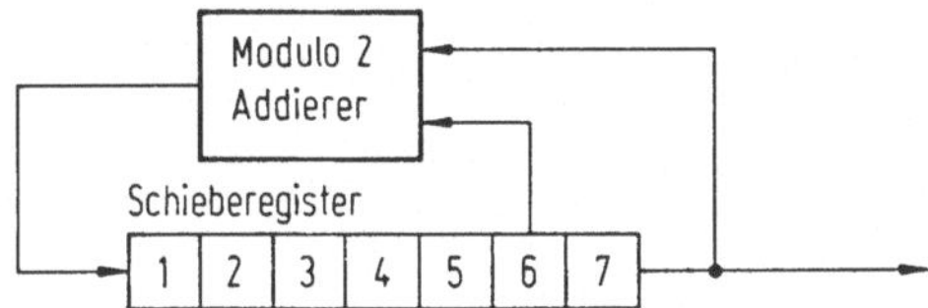


Bild 8.11. Sieben-Bit-Schieberegisterschaltung zur Erzeugung einer Pseudozufallsfolge der Länge 127.

Phasencodierte Radarsignale sind für die präzise Bestimmung der Entfernung sehr gut geeignet. Voraussetzung ist, daß die zu messende Laufzeit größer als die zeitliche Länge der Impulsfolge ist. Sie werden daher z.B. zur Satellitenaltimetrie [8.3], d.h. zur Bestimmung der Höhe der Meeresoberfläche vom Satelliten aus, eingesetzt. Sie können jedoch bei dopplerverschobenen Empfangssignalen mehrdeutige Meßergebnisse hervorrufen. Die Eignung eines phasencodierten Radarsignals ist daher durch Auswertung der Mehrdeutigkeitsfunktion in der gesamten, für die Anwendung in Frage kommenden Laufzeit-Doppler-Ebene zu prüfen.

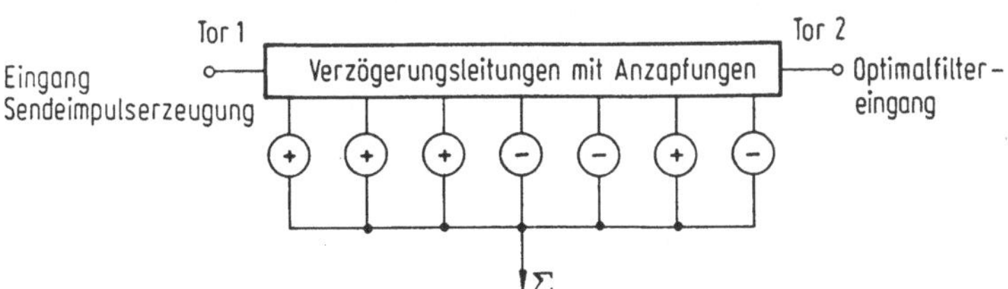


Bild 8.12. Schaltung mit Verzögerungsleitungen zur Erzeugung und Verarbeitung von phasencodierten Radarsignalen.

## Literatur zu Kapitel 8

[8.1] Cook, C., et al.: Radar Signals, New York: Academic Press 1967, Kap. 4.

[8.2] Meinke Gundlach, Hrsg. K. Lange u. K.H. Löcherer: Taschenbuch der Hochfrequenztechnik, Berlin: Springer 1986, L63-L71.

[8.3] Painter, J.: Designing Pseudorandom Coded Ranging Systems, IEEE Trans. AES (3) 1967, S. 14-27.

# 9 Radar mit synthetischer Apertur (SAR)

In diesem Kapitel werden abbildende Radarverfahren behandelt, die technische Anwendung im Bereich der Erderkundung gefunden haben. Mit dem Seitensichtradar in der Form des Radars mit synthetischer Apertur (SAR : *synthetic aperture radar*) können große Bereiche der Erdoberfläche landkartenähnlich mit hoher Auflösung dargestellt werden [9.1]-[9.2]. Einen Ausblick auf weitere abbildende Radarverfahren gibt Kapitel 10.

## 9.1 Prinzip

Das seitliche Auflösungsvermögen des konventionellen Radars ist durch die Bündelung der verwendeten Antenne und damit durch die geometrischen Abmessungen der Antennenapertur gegeben. Den Abmessungen dieser realen Antennenapertur sind aus mechanischen Gründen Grenzen gesetzt. Der Grundgedanke des Radars mit synthetischer Apertur ist es nun, keine große Antenne zu verwenden, sondern das Feld, das eine große Antenne längs ihrer Apertur empfangen würde, mit einer kleinen Antenne zu vermessen, zu speichern und anschließend den Empfangsvorgang der großen Antenne durch eine geeignete Verarbeitung der aufgezeichneten Feldverteilung nachzubilden.

Dazu wird beim Seitensichtradar ein mit konstanter Geschwindigkeit bewegter Träger, z.B. ein Flugzeug oder ein Satellit, verwendet, der die synthetische Apertur abfliegt. Zur Abbildung der Erdoberfläche ist daher der Radarstrahl nach Bild 9.1 senkrecht zur Bewegungsrichtung so geneigt, daß der in Frage kommmende Bodenbereich beleuchtet wird. Das Entfernungsauflösungsvermögen wird mit üblichen Impulsradartechniken, häufig unter Verwendung der Impulskompression nach Kap. 8.5, erreicht. Das Auflösungsvermögen $\Delta x$ in Richtung der Erdoberfläche hängt nach Gl. (9.1) auch vom Einfallswinkel $\theta$ ab, ist aber im wesentlichen durch die Signalbandbreite B nach Gl. (2.19) festgelegt.

$$\Delta x = c_0/(2B\cdot\cos\theta) \tag{9.1}$$

Verwendet man beispielsweise eine Signalbandbreite von 150 MHz, so ergibt sich daraus ein Tiefenauflösungsvermögen von $\Delta r \approx 1$m. Das Auflösungsvermögen $\Delta y$ in Flugrichtung, also quer zur Ausbreitungsrichtung der elektromagnetischen Welle, ist bei konventioneller Signalauswertung durch die Abmessung D der Antennenapertur der verwendeten Antenne bestimmt. Es ist nach Gl. (9.2) von der Schrägentfernung r abhängig.

$$\Delta y = \lambda/D\cdot r \tag{9.2}$$

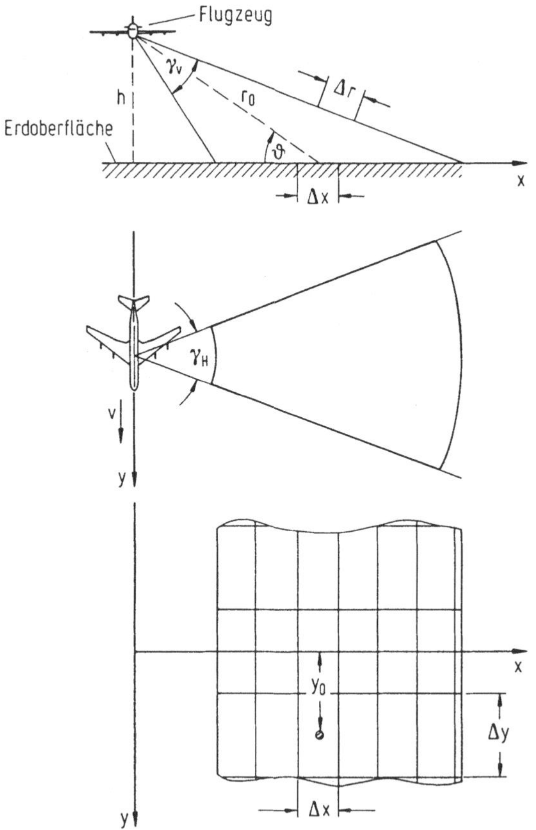


Bild 9.1. Geometrische Bezeichnungen für das Seitensichtradar. a) vertikaler Schnitt, b) beleuchteter Sektor, c) Bildfeld.

Für eine Antenne mit einer Abmessung von zehn Wellenlängen ergibt sich damit in 1km Entfernung eine Querabmessung der Auflösungszelle (in Flugrichtung) von etwa 100m. Die Abmessungen der Auflösungszelle in und quer zur Flugrichtung unterscheiden sich in dieser Entfernung bereits um zwei Größenordnungen. Wegen der linearen Abhängigkeit der Querauflösung $\Delta y$ von der Entfernung ist daher nicht zu erwarten, daß mit diesem Verfahren eine abbildende Darstellung größerer Bereiche der Erdoberfläche mit gleichbleibender Qualität möglich ist. Für diese Aufgabe ist ein in beiden Koordinatenrichtungen gleiches Auflösungsvermögen anzustreben. Dies beinhaltet die Forderung nach einem von der Entfernung unabhängigen seitlichen Auflösungsvermögen.

Diese Forderung läßt sich weitgehend verwirklichen, wenn man durch eine geeignete Signalaufbereitung die längs einer größeren Flugstrecke von einem Objekt empfangenen Radarsignale für die Ermittlung der Winkelinformation benützt. Die gesamte Flugstrecke stellt dann die in Flugrichtung wirksame Antennenapertur dar. Sie wird, weil sie erst durch Signalverarbeitung ihre bündelnden Eigenschaften bekommt, als synthetische Apertur bezeichnet.

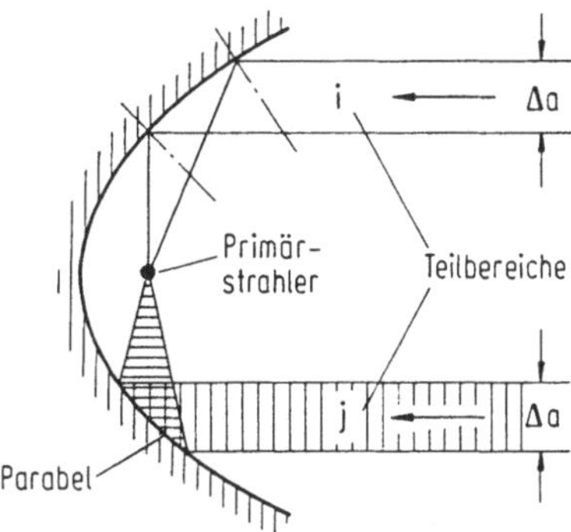


Bild 9.2. Schematische Darstellung zum Funktionsprinzip der realen und der synthetischen Apertur.

Zur Erläuterung betrachten wir zunächst eine Parabolantenne nach Bild 9.2. Ihren realen Aperturbereich kann man in Teilbereiche der Breite $\Delta a$ zerlegen. Die in jedem Teilbereich ankommende einfallende Welle wird bei richtiger Dimensionierung der Antenne dem sich im Brennpunkt befindenden Primärstrahler zugeführt, in dem sich die Anteile kohärent zum Gesamtsignal überlagern. Bei Einfall der Welle aus der Hauptstrahlungsrichtung sind die aus den einzelnen Teilbereichen ankommenden Signale gleichphasig und ergeben bei Überlagerung ein maximales Ausgangssignal. Es ist nun vorstellbar, diese Anteile nicht mit Hilfe des Primärstrahlers schaltungstechnisch zu überlagern, sondern die Feldverteilung der einfallenden Welle längs der

Apertur mit einer kleineren Antenne der Abmessung Δa abzutasten und die dabei erhaltene Verteilung, z.B. nach einer Digitalisierung, abzuspeichern. Der Summationsprozeß im Primärstrahler kann dann anschließend mit dem Digitalrechner, ggfs. unter Durchführung zusätzlicher Phasenkorrekturen, nachgebildet werden. Vom Ergebnis her ist dann kein prinzipieller Unterschied zwischen der Verwendung einer realen und einer synthetischen Apertur zu erwarten.

Die Länge der synthetischen Apertur und damit das erreichbare Winkelauflösungsvermögen kann jetzt unabhängig von mechanischen Grenzen gewählt werden. Die einzige Einschränkung liegt darin, daß die einzelnen Feldbeiträge zur kohärenten Überlagerung phasenrichtig gemessen und erfaßt werden müssen. Abweichungen der Flugbahn vom linearen Verlauf, die nicht korrigiert werden können, führen zu Phasenfehlern und bewirken eine Defokussierung der synthetischen Apertur. Für den praktischen Einsatz ist ein maximaler Phasenfehler von $180^0$ und damit eine größte Abweichung vom idealen Flugweg von einer Viertel Wellenlänge zulässig.

## 9.2 Auflösungsvermögen in Flugrichtung

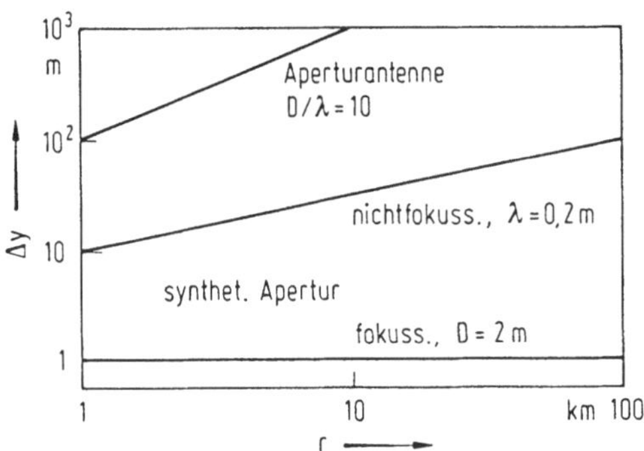


Bild 9.3. Auflösungsvermögen des Seitensichtradars in Flugrichtung als Funktion der Entfernung.

Zur Bestimmung des erreichbaren Auflösungsvermögens wird die maximale Länge der synthetischen Apertur ermittelt. Nach Bild 9.1 ist ein Objekt, das sich in der Entfernung r vom Flugzeug befindet, über eine Flugstrecke

$$L_S = \gamma_H \, r \approx \lambda/D \cdot r \qquad (9.3)$$

hinweg, die durch die Antennenbündelung $\gamma_H$ gegeben ist, im Sichtbereich der Radarantenne. Über diese Länge hinweg kann daher das von diesem Objekt reflektierte Signal aufgezeichnet werden. $L_S$ kann daher als Länge der synthetischen Antennenapertur angesehen werden. Mit einer Antennenapertur dieser Abmessung erreicht man nach der Antennentheorie ein Winkelauflösungsvermögen

$$\gamma_S = \lambda/L_S = \lambda/(\gamma_H r), \tag{9.4}$$

dem ein Längenauflösungsvermögen in Richtung der Flugbahn von

$$\Delta y = \gamma_S \cdot r = \lambda/\gamma_H \approx D \tag{9.5}$$

zugeordnet werden kann. Man erreicht, wie angestrebt, ein von der Entfernung unabhängiges seitliches Auflösungsvermögen, das durch die Abmessung D der verwendeten Antenne gegeben ist. Eine genauere Betrachtung hat zu berücksichtigen, daß die synthetische Apertur nicht nur beim Empfangen, sondern auch beim Senden wirksam ist. Damit ergibt sich, daß das theoretisch erreichbare Auflösungsvermögen in Flugrichtung sogar bei

$$\Delta y = D/2 \tag{9.6}$$

liegt. Bei diesen Überlegungen wird vorausgesetzt, daß sich das Objekt im Fernfeld der synthetischen Apertur befindet. Dies bedeutet, daß die von einem Objekt empfangene Phasenfront einen linearen Verlauf längs der Apertur aufweist. Bei den großen Dimensionen, die für eine synthetische Apertur möglich sind, ist dies nicht immer gewährleistet. Aus der Fernfeldbedingung nach (2.34) ergibt sich ein Zusammenhang zwischen der Objektentfernung und der maximal ohne Fokussierung nutzbaren Abmessung $L'_S$ der synthetischen Apertur:

$$L'_S = \sqrt{r\lambda/2}\,, \tag{9.7}$$

der die unter Gl. (9.3) ermittelten Aperturabmessungen einschränkt. In diesem Fall des sog. nichtfokussierten Radars mit synthetischer Apertur ist das Auflösungsvermögen $\Delta y'$ in Flugrichtung von der Wurzel aus der Entfernung abhängig. Unter Berücksichtigung des Faktors 2, der von der Verwendung der synthetischen Apertur für Sende- und Empfangszwecke stammt, ergibt sich:

$$\Delta y' = \sqrt{\lambda r/2}\,. \tag{9.8}$$

Bild 9.3 zeigt unter Zugrundelegung konkreter Werte für Antennenabmessungen und Sendefrequenz die mit den verschiedenen Verfahren erreichbaren Werte des Auflösungsvermögens in Flugrichtung.

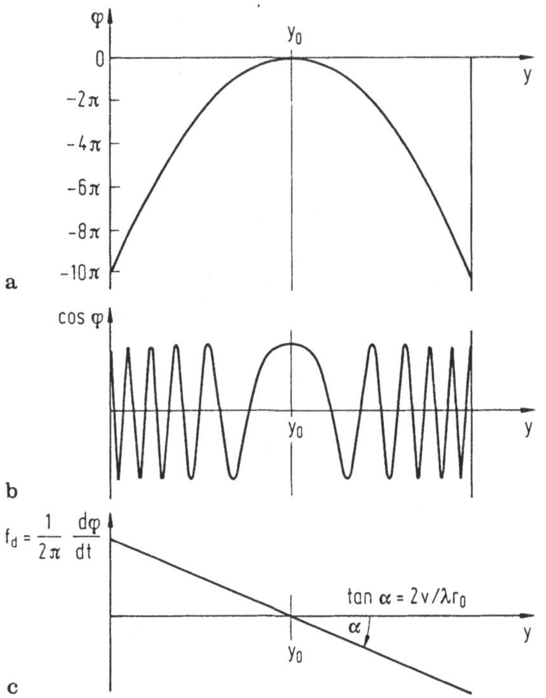


Bild 9.4. Empfangssignal eines Seitensichtradars. a) Phasenverlauf, b) Signal im Zeitbereich, c) Momentanfrequenz.

Im Fall des fokussierten Seitensichtradars wird der längs der geradlinigen Flugbahn auftretende gekrümmte Phasenverlauf kompensiert. Für den Phasenverlauf längs der linearen Apertur, den man nach Bild 9.4 für ein Objekt in der Entfernung $r_0$ mit der seitlichen Ablage $y_0$ vom Flugzeug erhält, ergibt sich:

$$\Phi = -4\pi/\lambda \cdot \sqrt{r_0^2+(y-y_0)^2}\ . \tag{9.9}$$

Dieser Phasenverlauf ist zwar von Entfernung und seitlicher Ablage abhängig, aber für ein Objekt in einer bestimmten Position von vornherein bekannt. Die Meßwerte längs der Apertur können daher für die Rekonstruktion des jeweils betrachteten Bildpunkts einer systematischen Phasenkorrektur unterzogen werden. Durch diese Fokussierung wird die Krümmung des Phasenverlaufs nach Gl. (9.9) für diesen Bildpunkt rückgängig gemacht. Ist an dieser Stelle ein Objekt vorhanden, so erhält man längs der synthetischen Apertur eine konstante Phasenbelegung wie bei einer einfallenden ebenen Welle. Damit ist ein Auflösungsvermögen nach Gl. (9.6) erreichbar, wenn man sicherstellt, daß die aus anderen Gründen längs der synthetischen Apertur auftretenden Phasenabweichungen kleiner als $180^0$ bleiben. Um dies zu gewährleisten, ist in vielen Fällen eine Stabilisierung des Flugweges bzw. eine aus der Lageinformation abgeleitete Phasenkompensation des Empfangssignals erforderlich.

## 9.3 Optische Radarsignalverarbeitung

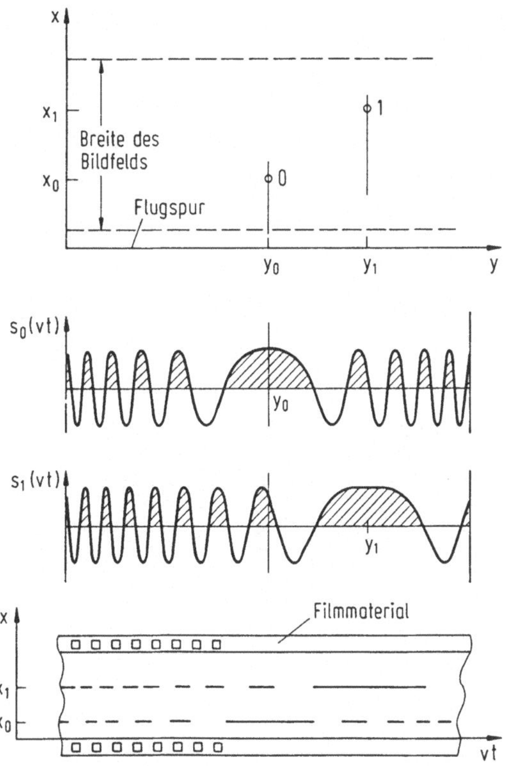


Bild 9.5. Optische Signalaufzeichnung. a) Bildfeld, b) Dopplersignale zweier Objekte, c) Zuordnung zum photographischen Film.

Wie beim gewöhnlichen Impulsradar kann auch im Fall des Seitensichtradars das Empfangssignal eines Objekts als Dauerstrichsignal betrachtet werden, vom dem im Abstand der Sendeimpulse komplexe Abtastwerte vorliegen. Die für den Verarbeitungsvorgang wesentlichen Überlegungen können aber an Hand des äquivalenten

Dauerstrichsignals angestellt werden. Diese sind immer dann gültig, wenn für die gepulsten Signale das Abtasttheorem eingehalten wird. Dabei entstehen Einschränkungen für die Wahl der Impulsfolgefrequenz, die später eingehender diskutiert werden (s. Gl. (9.19)).

Der Phasenverlauf des Empfangssignals für ein Objekt nach Gl. (9.9), das Empfangssignal selbst und der Verlauf der zugehörigen Momentanfrequenz sind in Bild 9.4 dargestellt. Bild 9.5 zeigt für zwei Objekte in unterschiedlicher Entfernung und mit unterschiedlicher seitlicher Ablage den Verlauf der Empfangssignale. Bei optischer Signalverarbeitung werden die Abtastwerte der niederfrequenten Empfangssignale einem Begrenzer zugeführt, dessen Ausgangssignal zur Hell- bzw. Dunkeltastung eines Elektronenstrahls verwendet wird, der einen photographischen Film belichtet. Dieser Film wird proportional zur Fluggeschwindigkeit in Längsrichtung transportiert. Die Querablenkung des Elektronenstrahls erfolgt sägezahnförmig und synchron mit den Sendeimpulsen. Auf diese Weise erhält man nach Bild 9.5c eine laufzeitmäßige Staffelung der Empfangssignale. Die von einem Objekt in bestimmter Entfernung stammenden Signale sind in Längsrichtung bei der zugeordneten Entfernung x vom Filmrand aufgezeichnet. Man erhält die in Bild 9.5 gezeichneten Muster, die den Verlauf des Empfangssignals charakterisieren.

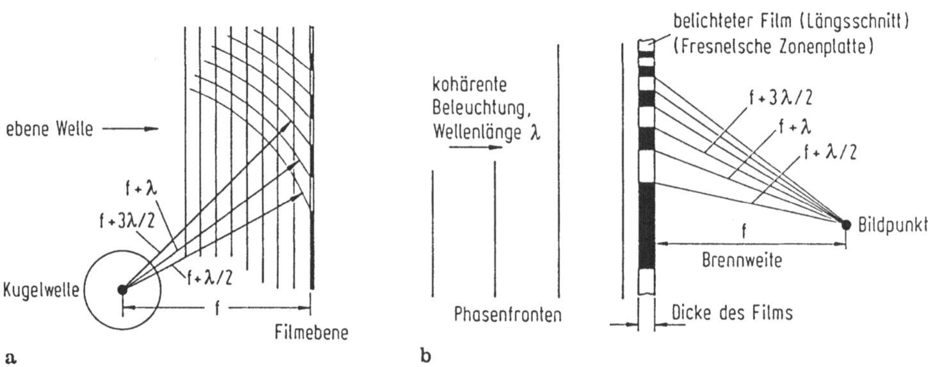


Bild 9.6. Fresnelsche Zonenplatte. a) Erzeugung, b) Rekonstruktion des Bildpunktes mit kohärentem Licht

Diese Aufzeichnung der Phaseninformation des elektromagnetischen Feldes eines punktförmigen Objektes kann man als Schnitt durch eine Fresnelsche Zonenplatte betrachten. Eine solche Fresnelsche Zonenplatte entsteht auch, wenn man unter Verwendung von kohärentem Licht eine ebene Welle, die man als Referenzwelle betrachtet, und eine sphärische Welle nach Bild 9.6a kohärent überlagert und das entstehende Interferenzmuster auf photographischem Film festhält.

Eine derartige Aufzeichnung eines elektromagnetischen Feldes bezeichnet man als Hologramm (von griech. holos = das Ganze), weil sie die ganze Information, d.h. auch die Phaseninformation über die in diesem Fall aufgezeichnete sphärische Feldverteilung beinhaltet. Beleuchtet man dieses Hologramm wieder mit einer ebenen, kohärenten Lichtwelle, so entsteht nach Bild 9.6b neben der ursprünglichen sphärischen Welle eine zweite, die in einem reellen Bildpunkt im Abstand f von der Fresnelschen Zonenplatte konvergiert. Dieser Bildpunkt wird aufgrund des Musters der Zonenplatte nur von in etwa gleichphasigen Anteilen der gestreuten Welle erreicht. Bei dieser Rekonstruktion entsteht ein reelles Bild der Quelle der ursprünglichen sphärischen Welle. Eine ähnliche Rekonstruktion ist durch Beleuchtung mit kohärentem Licht geeigneter Wellenlänge für die bei Aufgezeichnung der Dopplersignale auf photographischen Film entstehenden Fresnelstreifen möglich. Jedem Fresnelstreifenmuster kann damit wieder ein Bildpunkt zugeordnet werden.

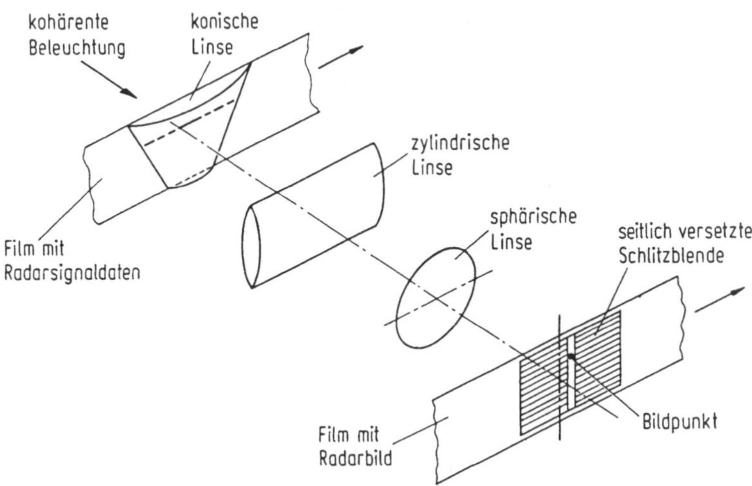


Bild 9.7. Optische Radarsignalverarbeitung beim SAR.

Auf diese Weise lassen sich nach Bild 9.7 durch optische Weiterverarbeitung der auf photographischen Film aufgezeichneten Radarsignaldaten dem von den einzelnen Objekten bewirkten Fresnelstreifenmustern wieder Bildpunkte zuordnen, die auf einem zweiten Film festgehalten werden können. Die gesamte optische Auswertung wird dadurch kompliziert, daß zur Auswertung eine konische Linse verwendet werden muß, weil die Fresnelstreifen je nach Objektentfernung unterschiedliche Ausdehnung besitzen. Als Ergebnis dieser optischen Verarbeitung erhält man schließlich bei gleichzeitigem Weitertransport der beiden Filme ein zweidimensionales Bild des beleuchteten Bereichs der Erdoberfläche.

Diese optische Signalverarbeitung stellt für Anwendungen, bei denen ein breiter Streifen der Erdoberfläche mit hoher Auflösung abgebildet werden soll, die wirtschaftlichste Lösung dar. Durch die notwendigen photographischen Entwicklungs- und Aufbereitungsprozesse steht das Bild nicht unmittelbar zur Verfügung. Andererseits gibt es durch die optische Signalverarbeitung mit Hilfe von Linsen als Signalprozessoren und dem hochauflösenden photographischen Film als Speichermedium keine Rechenzeit- und Speicherplatzprobleme.

## 9.4 Digitale Radarsignalverarbeitung beim SAR

Im Gegensatz zur optischen Verarbeitung gestattet die elektronische Verarbeitung der Radarsignaldaten eine große Flexibilität bei der Wahl von Betriebsmoden und kann quasi sofort, d.h. unmittelbar nachdem für einen Bildpunkt alle Aperturdaten aufgezeichnet sind, ein Bild liefern. Dafür ist in diesem Fall die Anzahl der dargestellten Bildpunkte durch die zur Verfügung stehenden Speicherplätze im Zusammenhang mit der Verarbeitungszeit eingeschränkt. Bei der digitalen Auswertung der Daten eines Radarsystems mit synthetischer Apertur kann zwischen Auswerteverfahren mit und ohne Fokussierung unterschieden werden. Ein Objekt im Abstand $r_0$, das zum Zeitpunkt $t_0=0$ unter einem Winkel von $90^0$ bezogen auf die Flugrichtung vom Flugzeug aus sichtbar ist, bewirkt den folgenden Phasenverlauf des Empfangssignals:

$$\begin{aligned} \Phi &= -4\pi/\lambda \cdot \sqrt{r_0^2+(vt)^2} \approx \\ &\approx -4\pi/\lambda \cdot \{r_0 + (vt)^2/(2r_0) - (vt)^4/(8r_0^3) + ...\}. \end{aligned} \qquad (9.10)$$

Daraus erhält man durch Differentiation nach der Zeit den Verlauf der momentanen Dopplerfrequenz:

$$f_d = \frac{1}{2\pi}\frac{d\Phi}{dt} = -2/\lambda \cdot v \cdot \{vt/r_0 - (vt/r_0)^3 + ...\} \qquad (9.11)$$

Unter der Voraussetzung, daß die synthetische Apertur kleiner als die Entfernung zum jeweils betrachteten Objekt ist, also $vt \ll r_0$ erfüllt ist, ergibt sich daher nach Bild 9.4 näherungsweise ein lineares Anwachsen der Dopplerfrequenz mit der Zeit.

Eine Spektralanalyse eines Zeitsignals der Dauer T kann andererseits maximal mit einer Auflösung von 1/T durchgeführt werden. Wählt man nun die Zeitdauer der Messung gerade so, daß die Dopplerfrequenzveränderung während der Bewegung längs der synthetischen Apertur nach Gl. (9.11) gerade gleich der Auflösung 1/T der Spektralanalyse ist, so ergibt sich eine Gleichung für die Meßdauer und damit für die Länge der synthetischen Apertur:

$$1/T = 2/\lambda \cdot v \cdot vT/r_0$$

oder

$$L_S = v \cdot T = \sqrt{r_0 \lambda /2} \qquad (9.12)$$

Aus der Übereinstimmung mit Gl. (9.7) erkennt man, daß diese Auswertung zu der eines nichtfokussierenden Seitensichtradars äquivalent ist.

Bei einer Signalauswertung mit Fokussierung wird zunächst eine Phasenkorrektur an den Empfangsdaten vorgenommen. Durch diese Maßnahme wird die bei Vorbeiflug an einem Objekt auftretende Phasenmodulation rückgängig gemacht, so daß bei idealer Flugbahn Abtastwerte mit konstanter Phase entstehen. Da es sich um einen quadratischen Phasenverlauf oder äquivalent eine lineare Frequenzmodulation handelt, könnte diese Phasenkorrektur bei analoger Signalverarbeitung durch Mischung des Empfangsignals mit einem ebenfalls linear frequenzmodulierten Signal, aber entgegengesetzter gleicher Modulationssteilheit erreicht werden. Im Fall der digitalen Auswertung korrigiert man die zum Zeitpunkt t empfangenen Daten mit dem Phasenterm

$$\Phi = 4\pi/\lambda \cdot \sqrt{r_0^2 + (vt)^2} \qquad (9.13)$$

Diese Phasenkorrektur ergibt nur für ein Objekt mit der Schrägentfernung $r_0$, das zum Zeitpunkt $t=0$ genau seitlich vom Flugzeug liegt, das erwünschte Signal mit konstanter Phase bzw. der Momentanfrequenz Null. Für ein gegenüber diesem Objekt seitlich um $\Delta y$ verschobenes Objekt bleibt bei dieser Phasenkorrektur eine Restphasenänderung übrig:

$$\Phi = -\ 4\pi/\lambda \cdot \sqrt{r_0^2 + (vt)^2} + 4\pi/\lambda \cdot \sqrt{r_0^2 + (vt - \Delta y)^2} \qquad (9.14)$$

Dieser entspricht bei Verwendung der in Gl. (9.10) eingeführten Näherungen für $vt << r_0$ ein Signal mit der Frequenz

$$f_M = 2v/\lambda \cdot \Delta y/r_0 \tag{9.15}$$

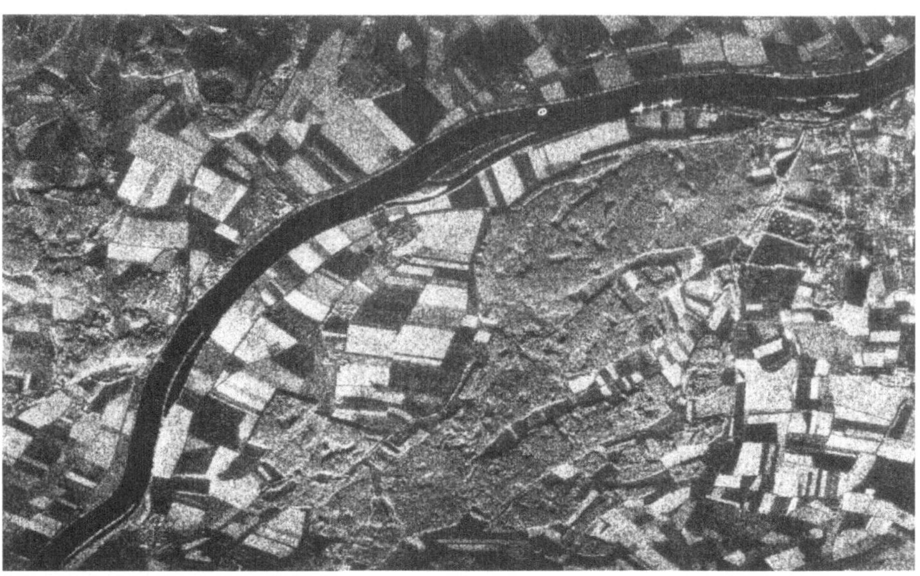

Bild 9.8. SAR-Bild einer Flußlandschaft.

Um dieses Signal eines Objektes im Abstand $\Delta y$ von dem erwünschten Objekt mit $f_M = 0$ frequenzmäßig trennen zu können, benötigt man eine Meßzeit $T = 1/f_M$. Zusammen mit Gl. (9.15) liefert dies eine Bedingung für die erforderliche Abmessung $L_S$ der synthetischen Apertur:

$$L_S = \lambda/2 \cdot r_0/\Delta y \ . \tag{9.16}$$

Andererseits muß das zu erfassende Objekt während des Fluges längs der synthetischen Apertur für die Radarantenne sichtbar sein. Die zu verwendende Antenne darf daher eine maximale Bündelung von

$$\gamma_H = r_0/L_S = \lambda/D \tag{9.17}$$

aufweisen. Setzt man die maximale Antennenabmessung D aus Gl. (9.17) in Gl. (9.16) ein, so erhält man in Übereinstimmung mit Gl. (9.6) für das Auflösungsvermögen

$$\Delta y = D/2$$

Für die Wahl der Impulsfolgefrequenz beim Seitensichtradar gibt es neben den Überlegungen zum Eindeutigkeitsbereich nach (2.20), aus denen sich eine obere Grenze ergibt, die nicht überschritten werden darf, die Forderung nach Einhaltung des Abtasttheorems für die Dopplersignale längs der synthetischen Apertur. Aus Gl. (9.11) folgt für die zum Zeitpunkt $t=T/2$ auftretende maximale Dopplerfrequenz

$$|f_d| = v/\lambda \cdot L_S/r_0 = v/D. \tag{9.18}$$

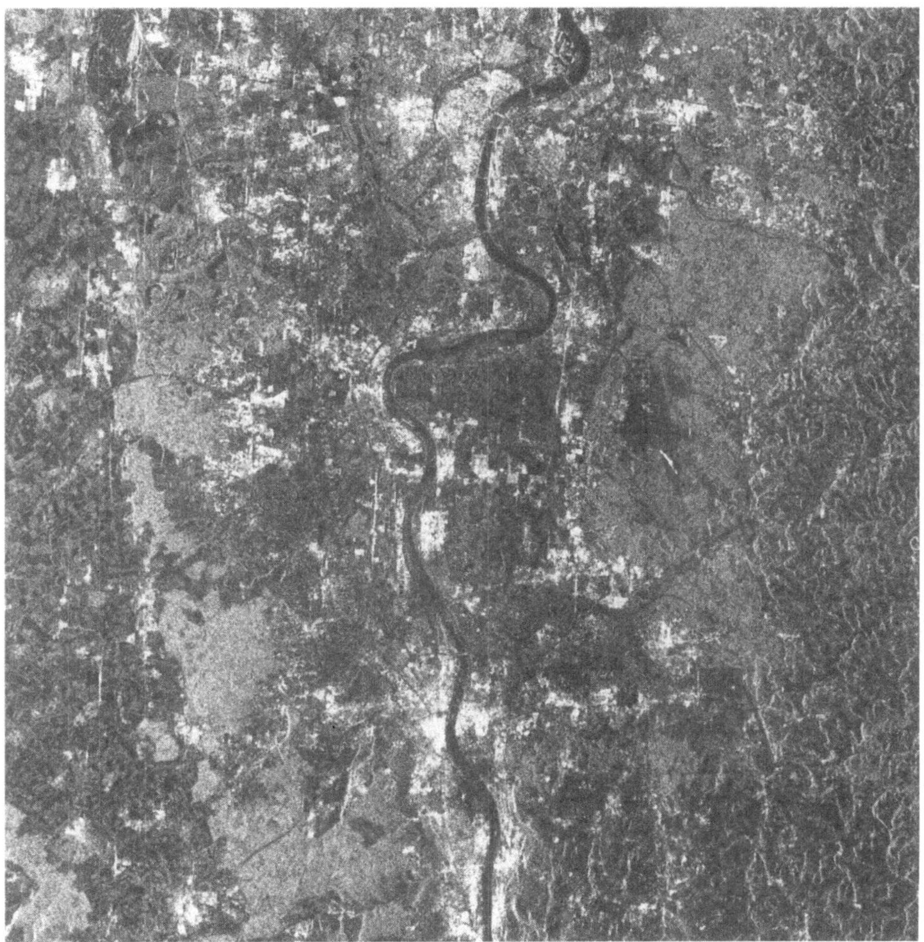

Bild 9.9. SEASAT-Satelliten-SAR-Bild des Raumes Köln-Bonn aus 845 km Höhe.

Die Impulsfolgefrequenz $f_p$ muß daher größer als die doppelte maximale Dopplerfrequenz gewählt werden. Für die zwischen zwei Sendeimpulsen zurückgelegte Strecke gilt daher die Bedingung

$$v \cdot t_p < v/(2f_d) = D/2 \ . \tag{9.19}$$

Längs der synthetischen Apertur ist daher in Abständen von einer halben Länge der realen Apertur jeweils ein Abtastpunkt erforderlich.

Bild 9.8 ist ein Beispiel für ein vom Flugzeug aufgenommenes SAR-Bild. Spiegelnd reflektierende Oberflächen, die, wie die Wasseroberfläche des Flußlaufs, die Energie nicht zum Radar reflektieren, erscheinen dunkel. Die vom Radarstrahl beleuchteten Uferlinien des Flußlaufs reflektieren dagegen, ähnlich wie Winkelspiegel, den Radarpuls mit großer Intensität zum Radar zurück. Sie erscheinen deshalb hell. Der Unterschied der Intensitäten in der Darstellung der beiden Uferlinien läßt daher den Rückschluß zu, daß die Beleuchtung der Szene aus der Richtung des unteren Bildfeldrandes erfolgte.

Bild 9.9 zeigt ein SAR-Bild des Großraums Köln-Bonn, das aus 845 km Höhe vom SEASAT Satelliten aufgenommen wurde. Man erkennt z.B. den Flughafen Köln-Bonn oder auch die charakteristischen Echos von einer Hochspannungsleitung, die parallel zum Rhein verläuft. Das Bild wurde aus den Satellitendaten von der Deutschen Forschungs- und Versuchsanstalt für Luft und Raumfahrt (DFVLR-GSOC) für das ESA-Earthnet prozessiert. Die Auflösung beträgt etwa 25 m.

## Literatur zu Kapitel 9

[9.1] Harger,R.: Synthetic Aperture Radar Systems, New York: Academic Press, 1970.

[9.2] Hovanessian, S.: Introduction to Synthetic Array and Imaging Radars, Dedham: ARTECH House, 1980.

# 10 Mikrowellenabbildung

Die klassischen Radarverfahren liefern in dem Sinn ein Abbild ihrer Umgebung, als jedes Objekt durch einen Punkt auf dem Radarbildschirm dargestellt wird. Der abgebildete, meist zweidimensionale Bereich wird durch das Entfernungs- und Winkelauflösungsvermögen des Radarsystems in Auflösungszellen unterteilt. Das Radarsystem stellt fest, ob sich in den einzelnen Auflösungszellen Objekte befinden. Auflösungszellen, in denen sich reflektierende Objekte befinden, werden als helle Bildpunkte dargestellt. Für die Abmessungen der Auflösungszellen ist kennzeichnend, daß sie entweder in der Größenordnung der Objekte liegen oder wesentlich größer sind. Die Identifikation eines hellen Bildpunktes als ein bestimmtes Objekt geschieht nicht aus dem Radarbild heraus, sondern aufgrund zusätzlicher Informationen, die dem Radarbeobachter durch zusätzliche Meldungen oder aufgrund seiner Erfahrung zur Verfügung stehen.

Im Unterschied dazu spricht man von Mikrowellenabbildung [10.1-10.6], wenn die Abmessungen der Auflösungszellen so klein sind, daß von einem Objekt mehrere Auflösungszellen belegt werden. Aufgrund der Verteilung der Bildpunkte wird in diesem Fall die Identifikation des Objektes möglich. Das Verhältnis von Auflösungszellengröße zu Objektgröße charakterisiert daher die Qualität des Abbildungsvorgangs. Ein Beispiel für ein abbildendes Radarverfahren ist das in Kapitel 9 behandelte Seitensichtradar, dessen Auflösungszellen so klein sind, daß die abzubildenden Objekte, wie Gebäude, Fahrzeuge, Straßen, Flußläufe usw. erkennbar werden.

Verwendet man, wie hier geschehen, die Auflösungszelle im Vergleich zur Objektgröße zur Kennzeichnung des Abbildungsvorgangs, dann besteht kein prinzipieller Unterschied zwischen Radarabbildung und Mikrowellenabbildung. Dennoch ist es sinnvoll, die Prinzipien der Mikrowellenabbildung in diesem Kapitel gesondert zusammenzufassen, weil die Aufgabenstellung Abbildung eine immer größere Rolle im Rahmen von Radarsystemen spielt und weil in diesem Bereich neuartige Betrachtungsweisen des Abbildungsvorgangs, die von der Seite der inversen Streuprobleme her kommen, von Bedeutung sind.

## 10.1 Inverse Probleme

Die Verfahren der Mikrowellenabbildung lassen sich bezüglich ihres theoretischen Hintergrundes dem inversen Streuproblem (inverse scattering) zuordnen, das seinerseits wieder ein Teilaspekt allgemeiner inverser Probleme ist, die in vielen Bereichen der Physik auftauchen. Beispiele dafür sind:

Fernerkundung der Zusammensetzung der Erdatmosphäre von der Erdoberfläche oder vom Satelliten aus

Erderkundung von geologischen Strukturen und von Bodenschätzen aus seismischen Messungen bzw. Untersuchungen des Erdmagnetfeldes

Plasmadiagnose

Ermittlung der Eigenschaften von Glasfasern

Zerstörungsfreie Materialprüfung

Medizinische Abbildung

Identifikation von Körpern mit elektromagnetischen Wellen

Eine allgemein akzeptierte Definition eines inversen Problems existiert noch nicht [10.7]. Es gibt im Zusammenhang mit dem elektromagnetischen Streuproblem aber eine Beschreibung des direkten und des inversen Problems.

Im Fall des direkten Problems ist aus der vollständigen Information über Größe, Form und Materialzusammensetzung eines Körpers sowie seiner relativen Lage zur einfallenden Welle der Streufeldvektor in seiner Verteilung im Raum im gesamten Frequenzbereich oder äquivalent im Zeitbereich zu bestimmen.

Das inverse Streuproblem behandelt dagegen Verfahren, die aus bekannter einfallender Welle und bekannter Streufeldverteilung im Raum Größe, Form und Materialeigenschaften eines unbekannten Streukörpers ermitteln.

Während das direkte Problem (Bestimmung des Streufeldes) für viele Fragestellungen relativ einfach lösbar ist, ist das inverse Problem (Bestimmung von Gestalt und Materialeigenschaften des Streukörpers) höchst kompliziert. Das liegt daran, daß sich inverse Probleme nur selten in Form von linearen algebraischen Gleichungen oder Integralgleichungen formulieren lassen. Selbst wenn dieses möglich ist, stellt sich in vielen Fällen heraus, daß das Gleichungssystem nicht auflösbar und seine Inverse instabil ist. Viele Probleme sind in diesem Sinne "schlecht gestellt". In diesen Fällen müssen besondere Lösungsverfahren herangezogen werden [10.7].

## 10.2 Abbildungsgleichungen

Die Abbildungs- bzw. Rekonstruktionsgleichungen stellen die Beziehung her zwischen dem abzubildenden Körper, der durch die räumliche Verteilung der Materialeigenschaften seiner Bestandteile beschrieben wird, aus denen er zusammengesetzt ist, und dem der Meßtechnik zugänglichen Streufeld, das mit Hilfe der Empfangsantenne des Abbildungssystems erfaßt und durch den Empfänger weiterverarbeitet und für eine Datenverarbeitung zugänglich gemacht wird.

Für das Verständnis des Abbildungsvorgangs ist es wichtig, sich mit dem Begriff des Streufeldes und seinen Quellen zu befassen. Man unterscheidet zwischen dem Feld der einfallenden Welle, das durch die beleuchtende Quelle im Bereich des Bildfeldes genauso wie im übrigen Raum hervorgerufen wird, wenn das abzubildende Objekt nicht vorhanden ist, und dem Gesamtfeld, das auftritt, wenn der abzubildende Körper vorhanden ist. Die Differenz zwischen dem Gesamtfeld und dem Feld der einfallenden Welle wird als Streufeld bezeichnet. Das Streufeld ist daher eine Rechengröße, die im allgemeinen nicht direkt gemessen werden kann. Das Streufeld hat seine Ursache im Vorhandensein des abzubildenden Körpers. Man kann daher zeigen [10.8], daß die Quellen des Streufeldes im Bereich des Streukörpers selbst liegen. Betrachtet man metallisch leitende Körper, dann sind die Quellen des Streufeldes die auf der Oberfläche des Streukörpers fließenden Oberflächenströme. Besteht der Körper aus Materialien, die sich in ihren dielektrischen und magnetischen Eigenschaften vom umgebenden Raum unterscheiden, so sind die Quellen des Streufeldes proportional zu der Abweichung dieser Materialeigenschaften von denen des umgebenden Raumes.

Da die Verteilung der Quellen des Streufeldes aufgrund dieser Überlegungen räumlich mit der Ausdehnung oder Gestalt des Streukörpers direkt verknüpft sind, laufen alle Rekonstruktionsverfahren darauf hinaus, die Quellen des Streufeldes aus der räumlichen Verteilung des meßbaren Streufeldes zu bestimmen.

Die Messung des Streufeldes ist im Fall der Mikrowellenabbildung meist direkt durchführbar, weil einfallende und gestreute Welle bei monostatischen Radaranordnungen stets entgegengesetzte Ausbreitungsrichtung haben und weil bei Anwendung des Pulsradarprinzips einfallende und reflektierte Welle auch zeitlich voneinander getrennt werden können. Probleme bei der Mikrowellenabbildung bereitet der Sachverhalt, daß die einem Streukörperinkrement zuzuordnende Quelle des Streufeldes nicht nur von den Materialeigenschaften und von der einfallenden Welle abhängt, sondern auch von der Einfallsrichtung, von der Frequenz und von allen übrigen Streufeldquellen. Eine übersichtliche Darstellung der wirksamen Streufeldquellen befindet sich in [10.9]. Alle in der Praxis bedeutenden Rekonstruktionsverfahren verwenden daher Näherungen, die diese komplizierten Abhängigkeiten geeignet vereinfachen.

Nach der Rekonstruktion der Quellen des Streufeldes kann auf die räumliche Gestalt des Streukörpers geschlossen werden, wobei dies wegen des Näherungscharakters der Lösung abhängig von der Art des Streukörpers unterschiedlich schwierig sein kann. Im Falle des gut leitenden Körpers gibt es nur auf der Streukörperoberfläche Streufeldquellen, die durch die elektrischen Oberflächenströme nach Gl. (2.28) beschrieben werden. In diesem Fall ist dann auch nur eine Rekonstruktion des Oberflächenverlaufs durchführbar.

Zur Herleitung der Rekonstruktionsgleichungen wird davon ausgegangen, daß die Verteilung der elektrischen und magnetischen Streufeldquellen **J** und **M** bekannt sei. Bei diesen Quellen handelt es sich um sekundäre Quellen, die durch die einfallende Welle induziert werden. Ihre Stromdichten lassen sich mit Hilfe der ortsabhängigen elektrischen und magnetischen Materialeigenschaften des Streukörpers durch

$$\mathbf{J} = j\omega(\epsilon(r)-\epsilon_0)\mathbf{E} \quad \text{und}$$
$$\mathbf{M} = j\omega(\mu(r)-\mu_0)\mathbf{H}$$

berechnen. Ist der abzubildende Streukörper ein leitender Körper, so wird wegen $\mu(r) = \mu_0$

$$\mathbf{J} = \sigma \cdot \mathbf{E} \quad \text{und}$$
$$\mathbf{M} = 0$$

Der Beitrag der Stromdichte **J** aus einem Volumenelement dV des Streukörpers ist dann äquivalent zum Beitrag eines Flächenelements dF des Oberflächenstroms $\mathbf{I}_F$ nach Gl. (2.28)

Für die Sichtbarkeit einer Streufeldquelle ist ihr Strahlungsdiagramm zu berücksichtigen. Die Rekonstruktion einer Streufeldquelle aus dem Streufeld ist selbstverständlich nur dann möglich, wegen der auszuwertende Streufeldbereich auch nennenswerte Anteile dieser Quelle beinhaltet. Um dies beurteilen zu können, ist es daher sinnvoll, eine wirksame Quellenverteilung einzuführen, die elektrische und magnetische Stromdichten zusammenfaßt. Für die resultierende wirksame Quellenverteilung erhält man (vgl. [10.9]

$$\mathbf{I} = [\mathbf{n}_S \times \mathbf{J}] + 1/ZF_0 \cdot \{\mathbf{M} - \mathbf{n}_S \cdot (\mathbf{n}_S \cdot \mathbf{M})\},$$

wenn der Streufeldaufpunkt im Fernfeld liegt und durch den Richtungsvektor $\mathbf{n}_S$ beschrieben wird.

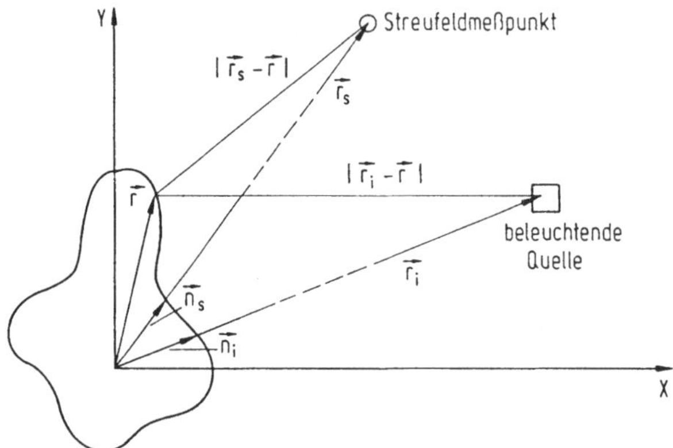


Bild 10.1. Geometrische Beschreibung des Abbildungsproblems (zweidimensionale Darstellung).

Die äquivalenten und auch die wirksame Streufeldquelle hängt, wie aus den angegebenen Gleichungen ersichtlich, von der elektrischen bzw. magnetischen Gesamtfeldstärke ab. Im folgenden wird dabei davon ausgegangen, daß entweder der dominierende Teil dieser Gesamtfeldstärke durch die einfallende Welle verursacht wird oder einfallende Welle und Streufeldanteil näherungsweise phasengleich sind. Man gelangt dann zu einem Ansatz für die wirksamen Quellen, Unter diesen Voraussetzungen läßt sich die phasenabhängigkeit der wirksamen Quellen durch

$$\mathbf{I}(\mathbf{r},\mathbf{r}_i) = \mathbf{I}_0(\mathbf{r}) \cdot \exp\{-j2\pi/\lambda \cdot |\mathbf{r}_i - \mathbf{r}|\} \tag{10.1}$$

beschreiben. $\mathbf{I}_0$ ist dabei ein vom Ort und näherungsweise nicht von der Beleuchtungsrichtung abhängiger Vektor, der Intensität und Richtung für eine inkrementale Streufeldquelle pro Volumeneinheit beschreibt und der ebenfalls noch von der Frequenz abhängen kann. Er kann je nach ausgewählter Näherung unterschiedliche

Werte annehmen. $\mathbf{r}_i$ kennzeichnet Einfallsrichtung und Ausbreitungsweg der beleuchtenden Welle nach Bild 10.1.

Das Vektorpotential des Streufelds in einem zunächst sich in beliebiger Lage befindenden Aufpunkt $\mathbf{r}_s$ ermittelt sich durch Summation über die Wirkungen der einzelnen Streufeldquellen in diesem Aufpunkt. Es ergibt sich in Analogie zu Gl. (2.29) das folgende Integral für $\mathbf{A}(\mathbf{r})$:

$$A(r) = \int_{\text{Streukörpervolumen}} I(r, r_i) \cdot \exp\{-j2\pi/\lambda \cdot |r_s - r|\}/(4\pi|r_s - r|)\ dV \qquad (10.2)$$

$$k = 2\pi/\lambda\ :\ \text{Wellenzahl}$$

Über Gl. (2.30) kann daraus das Streufeld ermittelt werden. Die einzelnen Streufeldbeiträge sind proportional zur Quellenintensität. Sie sind phasenrichtig zu überlagern, wobei die Phase vom auf die Wellenlänge bezogenen Abstand zwischen Quellpunkt und Aufpunkt abhängt. Genauso geht dieser Abstand auch in die Höhe des Beitrages ein. Für die Überlegungen wird angenommen, daß dieser Amplitudenfaktor für alle Streufeldquellen gleich groß ist und durch einen Faktor K mit berücksichtigt wird, der auch alle übrigen Phasen- und Frequenzabhängigkeiten beschreiben soll, die nicht für die einzelne Streufeldquelle spezifisch sind. Für den in der Praxis bedeutenden Fall, daß sich beleuchtende Quelle, Streukörper und Empfänger wechselseitig im Fernfeld befinden, gelten die folgenden Vereinfachungen:

$$|r_i - r| = r_i - r \cdot n_i$$
$$|r_s - r| = r_s - r \cdot n_s$$

$\mathbf{n}_i$ und $\mathbf{n}_s$ sind dabei die Einheitsvektoren, die vom abzubildenden Objekt zur beleuchtenden Quellen bzw. zum Empfangsort zeigen. Im monostatischen Radarfall gilt weiterhin:

$$r_i = r_s = r_0$$
$$n_i = n_s = n$$

Damit vereinfacht sich die Beziehung zwischen Streufeld und Streufeldquellen und erhält die Form:

$$H_s = \exp\{-j4\pi/\lambda \cdot r_0\}/(4\pi r_0) \cdot \int_{\text{Streukörpervolumen}} I_0(\mathbf{r}) \cdot \exp\{j2\pi/\lambda \cdot (\mathbf{n}_i + \mathbf{n}_s)\mathbf{r}\} dV \tag{10.3}$$

Zur übersichtlichen Darstellung wird in diese Beziehung der Vektor **k** eingeführt. Die Komponenten dieses Vektors spannen den sog. Fourierraum auf. Für **k** gilt die Beziehung:

$$\mathbf{k} = 2\pi/\lambda \cdot (\mathbf{n}_i + \mathbf{n}_s) \tag{10.4}$$

Für die folgenden Überlegungen ist das Streufeld noch um den Phasenterm $\exp\{j2kr_0\}$ zu bereinigen. Bei experimentellen Abbildungssystemen, bei denen eine nicht genau bekannte Relativbewegung zwischen abbildendem System und abzubildendem Objekt stattfindet, bereitet die Erfassung dieses Phasenterms große Schwierigkeiten. Man erhält für das normierte Streufeld:

$$S_e(k) = H_s \cdot \exp\{j4\pi/\lambda \cdot r_0\}/(4\pi r_0) = \int_{\substack{\text{Streukörper-}\\ \text{volumen}}} I_0(\mathbf{r}) \cdot \exp\{j\mathbf{k} \cdot \mathbf{r}\} dV \tag{10.5}$$

Der begrenzte Bereich im **k**- bzw. Fourierraum, der durch das Abbildungssystem erreicht werden kann, beschreibt dieses vollständig und erlaubt es, Aussagen über die damit erzielbare Bildqualität zu treffen. Der Betrag des Fouriervektors beinhaltet die Information über die verwendete Frequenz bzw. seine Änderung über das Frequenzband oder die Signalbandbreite, und sein Winkelbereich kennzeichnet die Anordnungen von beleuchtender Quelle und Meßort, für die das Streufeld gemessen werden kann.

Bei der Beziehung Gl. (10.5) zwischen der Verteilung $I_0(x,y,z)$ der Streufeldquellen und dem Streufeld $S_e(k_x,k_y,k_z)$ handelt es sich von der Gleichungsstruktur her um eine dreidimensionale Fouriertransformation, durch die Verteilungen im Bildraum und im Fourierraum miteinander verknüpft sind. Diese Betrachtungsweise setzt voraus, daß die Streufeldquellenverteilung $I_0$ nach Betrag und Phase nicht von der Frequenz und nicht von der Beleuchtungsrichtung abhängig ist. Die ist in der Praxis nur näherungsweise meist für begrenzte Frequenzbereiche bzw. beschränkte Winkelbereiche hinsichtlich der Beleuchtungsrichtung der Fall. Als Variable der Fouriertransformation sind der Ortsvektor **r** und der Fouriervektor **k** einander zugeordnet.

Da es sich bei dieser Funktionaltransformation Gl. (10.5) unter der genannten Voraussetzung exakt um eine inverse Fouriertransformation handelt, mit der aus der Streufeldquellenverteilung die Streufeldverteilung ermittelt werden kann, kann durch die inverse Transformation, nämlich die eigentliche Fouriertransformation, nach Gl. (10.6) aus dem gemessenen Streufeld die räumliche Verteilung des Streukörpers ermittelt und damit das Abbildungsproblem näherungsweise gelöst werden.

$$I_0(\mathbf{r}) = 1/(2\pi)^3 \cdot \int_{\substack{\text{gesamter} \\ \text{Fourierraum}}} S_e(\mathbf{k}) \cdot \exp\{-j\mathbf{k} \cdot \mathbf{r}\} d\mathbf{k} \tag{10.6}$$

Die Rekonstruktionsgleichung Gl. (10.6) besagt zunächst, daß es zur vollständigen Rekonstruktion der Streufeldquellen und damit der räumlichen Verteilung des Streukörpers notwendig ist, die Streufeldverteilung im gesamten Fourierraum, d.h. für ein unendlich großes Frequenzband und auf einer den Streukörper völlig umschließenden Oberfläche zu ermitteln. Bei Abbildungsanordnungen mit feststehender Beleuchtungsrichtungen und multistatischem Empfängeraufbau kommt noch die Forderung nach Messung bei Beleuchtung aus der entgegengesetzten Richtung hinzu [10.10]. Selbst wenn man diese Forderungen erfüllen könnte, wäre das Abbildungsergebnis noch dadurch geprägt, daß die zur Herleitung der Abbildungsgleichung verwendeten Näherungen nicht erfüllt wären.

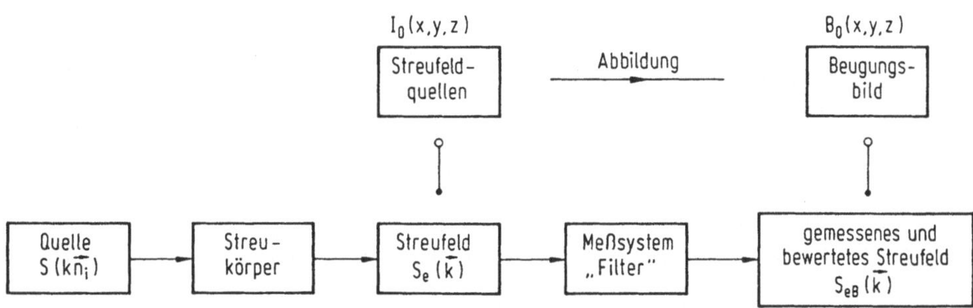


Bild 10.2. Systemtheoretische Betrachtung des Abbildungsvorgangs.

Bei allen praktischen Anwendungsfällen ist davon auszugehen, daß sowohl der für Streufeldmessungen verfügbare Frequenzbereich als auch der Raumbereich, aus dem Streufeldmessungen verfügbar sind, begrenzt ist. Damit wird das Auflösungsvermögen endlich. Die Bedeutung der Abbildungsgleichung für die Praxis ist darin zu sehen, daß man aufgrund bekannter Eigenschaften der Fouriertransformation, die bei beschränkten Signalfunktionen wirksam werden, in der Lage ist, abzuschätzen, welche

Auswirkungen dies auf den Abbildungsvorgang hat. Umgekehrt können auch die Anforderungen spezifiziert werden, die z.B. hinsichtlich der Dichte der Streufeldmeßpunkte in Frequenz- und Winkelbereich zu stellen sind.

## 10.3 Auflösungsvermögen und Meßpunktdichte

Das Auflösungsvermögen eines Abbildungssystems ist ein Maß für seine Fähigkeit, zwei benachbarte Streufeldquellen gleicher Intensität räumlich getrennten Bildpunkten zuordnen zu können. Wie im Radarfall ist die Größe der Auflösungszelle in der betrachteten Koordinatenrichtung gerade durch den Abstand festgelegt, bei dem die Trennung der Streufeldquellen gerade noch bzw. gerade nicht mehr möglich ist.

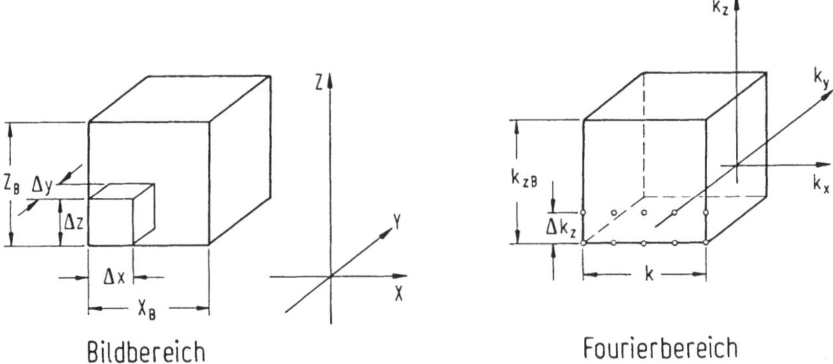


Bild 10.3. Auflösungsvermögen und Bildfeldgröße in Ortsbereich und Fourierraum.

Zur Ermittlung des Auflösungsvermögens betrachtet man die Abmessungen des Beugungsbildes einer infinitesimalen Streufeldquelle. Diese Streufeldquelle kann unter Anwendung systemtheoretischer Betrachtungsweisen [10.11] im Ortsbereich als Diracfunktion betrachtet werden, die durch das Abbildungssystem, dessen Übertragungsfunktion durch den, durch Streufeldmessungen im Fourierraum abgedeckten, Bereich gegeben ist, in das Beugungsbild dieser Quelle überführt wird. Die Abmessungen und damit das Auflösungsvermögen läßt sich in Analogie zum im Bereich der eindimensionalen Fouriertransformation geltenden Reziprozitätsgesetz von Zeitdauer und Bandbreite [10.12] abschätzen. Für einen einfach zusammenhängenden, quaderähnlichen Bereich im Fourierraum, dessen Ausdehnung sich durch Angabe seiner Abmessungen $k_{Bi}$ in Richtung der jeweiligen kartesischen Koordinatenachse i nach Bild 10.3 beschreiben läßt, ergibt sich, daß die zugehörige Abmessung der Auflösungszelle $\Delta r_i$ zur Abmessung reziprok ist. Es gilt:

$$\Delta x = 2\pi/k_{Bx}$$
$$\Delta y = 2\pi/k_{By} \quad (10.7)$$
$$\Delta z = 2\pi/k_{Bz}$$

Das Auflösungsvermögen in Richtung der verschiedenen Koordinatenachsen ist daher sowohl vom Winkelbereich abhängig, in dem das Streufeld gemessen werden kann, als auch vom verwendeten Frequenzbereich.

Neben der Frage nach der Ausdehnung von Streufeldmeß- und Frequenzbereich, die das Auflösungsvermögen bestimmt, ist die zweite wichtige Frage die nach der erforderlichen Meßpunktdichte, die auch den experimentellen Aufwand charakterisiert. Auch hier führen bekannte systemtheoretische Überlegungen, in diesem Fall die Anwendung des Abtasttheorems [10.13], weiter. Man geht davon aus, daß der Bildbereich in seiner räumlichen Ausdehnung ebenfalls begrenzt ist. Läßt er sich näherungsweise durch einen Quader mit den Seitenabmessungen $r_{Bi}$ in Richtung der Koordinatenachsen beschreiben, dann gilt für die erforderlichen Meßpunktdichten $\Delta k_i$ im Fourierraum:

$$\Delta k_x = 2\pi/x_B$$
$$\Delta k_y = 2\pi/y_B \quad (10.8)$$
$$\Delta k_z = 2\pi/z_B$$

## 10.4 Beispiele

Um mit der Betrachtung von Abbildungskonfigurationen im Fourierraum vertraut zu werden, ist es zweckmäßig, zunächst bekannte Radaranordnungen zu behandeln.

### 10.4.1 Pulsradar

Bild 10.4 zeigt im Orts- und Fourierbereich die Konfiguration für das klassische Pulsradar, das eine Antenne mit der Aperturbreite D verwendet. Die Einheitsvektoren, die Einfallsrichtung und Meßortsrichtung beschreiben, sind stets vom abzubildenden Objekt zum Radarsystem gerichtet. $n_i$ zeigt daher in Richtung der negativen y-Achse. $n_s$ überstreicht den Winkelbereich, in dem Streufelder gemessen werden. Dazu kann die gesamte flächenhafte Antennenapertur gerechnet werden. Die maximale Winkeländerung in der x-y-Ebene liegt dann bei

$$\Delta\Phi = D/r_0,$$

und die Extremwerte des Fouriervektors sind näherungsweise gegeben durch

$$k \approx 2\pi/c_0 \cdot f\{1 \pm \Delta f/(2f)\} \cdot \begin{bmatrix} \pm D/2r_0 \\ -2 \\ \pm D/2r_0 \end{bmatrix} \tag{10.9}$$

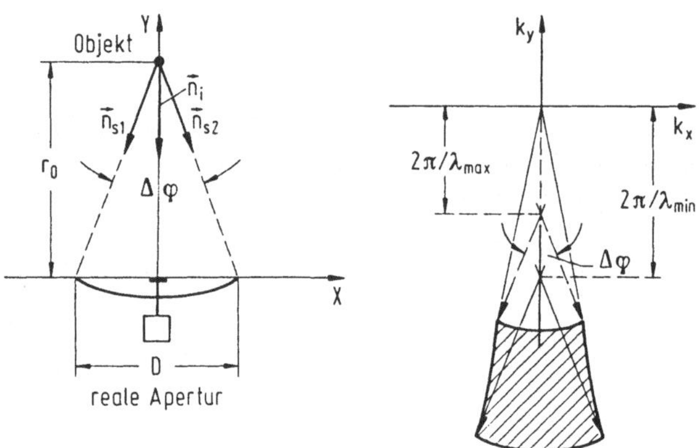


Bild 10.4. Darstellung der Konfiguration des Pulsradars im Orts- und Fourierbereich.

Für das Auflösungsvermögen ist nach Gl. (10.7) die Änderung des Fouriervektors maßgebend. Mit Radarimpulsen der Bandbreite $\Delta f$ erhält man dafür unter Berücksichtigung der Terme erster Ordnung für die Ausdehnung des Bereichs im Fourierraum

$$\left.\begin{aligned} k_{Bx} &= 2\pi/c_0 \cdot f \\ k_{By} &= 2\pi/c_0 \cdot \Delta f \\ k_{Bz} &= 2\pi/c_0 \cdot f \end{aligned}\right\} \cdot \begin{bmatrix} D/r_0 \\ 2 \\ D/r_0 \end{bmatrix}, \tag{10.10}$$

und daraus das Auflösungsvermögen, das sich mit $\lambda = c_0/f$ in Überstimmung mit bekannten Ergebnissen ergibt als

$$\begin{aligned} \Delta x &= r_0 \cdot \lambda/D \\ \Delta y &= c_0/(2\Delta f) \\ \Delta z &= r_0 \cdot \lambda/D. \end{aligned} \tag{10.11}$$

## 10.4.2 Radar mit synthetischer Apertur

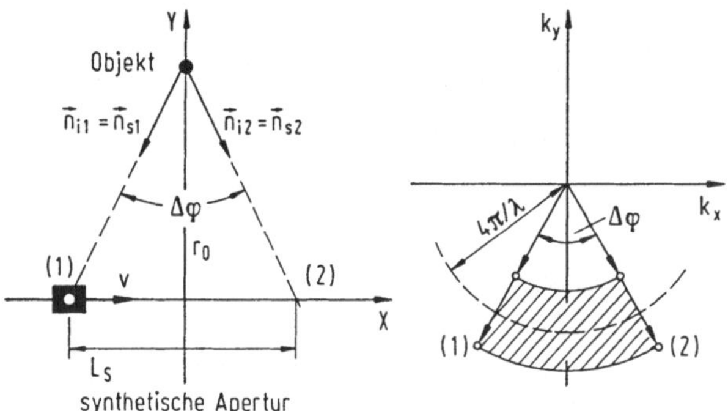


Bild 10.5. Darstellung des Seitensichtradars in Orts- und Fourierbereich.

Ähnliche Überlegungen können auch für das Radar mit synthetischer Apertur angestellt werden. Nach Bild 10.5 ersteckt sich die synthetische Apertur mit der Länge $L_s$ in y-Richtung. Im Vergleich zum Pulsradar ergeben sich wegen der größeren Abmessung der wirksamen Antennenapertur einmal größere Änderungen des Vektors zum Streufeldmeßpunkt. Darüber hinaus ist im Unterschied zum Pulsradar die Länge der synthetischen Apertur von der Meßobjektsentfernung $r_0$ nach (9.3) abhängig. Außerdem ändert sich die Beleuchtungsrichtung $\mathbf{n}_i$ beim Durchlaufen der synthetischen Apertur. Aus den Extremwerten des Fouriervektors

$$\mathbf{k} \approx 2\pi/c_0 \cdot f(1 \pm \Delta f/(2f)) \cdot \begin{bmatrix} \pm L_s/r_0 \\ -2 \\ \pm D/2r_0 \end{bmatrix} \tag{10.12}$$

erhält man für die Bereichsabmessungen im Fourierraum

$$\left.\begin{matrix} k_{Bx} & = & 2\pi/c_0 \cdot f \\ k_{By} & = & 2\pi/c_0 \cdot \Delta f \\ k_{Bz} & = & 2\pi/c_0 \cdot f \end{matrix}\right\} \cdot \begin{bmatrix} 2L_s/r_0 \\ 2 \\ D/r_0 \end{bmatrix}, \tag{10.13}$$

und damit für das Auflösungsvermögen

$$\begin{aligned} \Delta x &= D/2 \\ \Delta y &= c_0/(2\Delta f) \\ \Delta z &= r_0 \cdot \lambda/D \quad . \end{aligned} \tag{10.14}$$

Auch hier ist wieder Übereinstimmung mit den Ergebnissen feststellbar, die man nach klassischen Überlegungen unter der Annahme einer optimalen Signalverarbeitung erhält (vgl. Gl. (9.6)).

### 10.4.3 Inverses Synthetic-Apertur-Radar

Als nächstes werde das der üblichen Radaranordnung weitgehend entsprechende sogenannte inverse Synthetic-Apertur-Radar behandelt, dem eine geometrische Anordnung nach Bild 10.6 entspricht. Im Unterschied zum SAR wird in diesem Fall nicht das Abbildungssystem bewegt, sondern es ergeben sich die Streufeldmeßergebnisse aus unterschiedlichen Aspektwinkeln durch den Vorbeiflug des Objekts. Die Streufeldmeßergebnisse könnten z.B. die Empfangsimpulse sein, die ein Verfolgungsradar bei der kontinuierlichen Verfolgung des Objekts erhält. Zur Vereinfachung und zum Aufzeigen der Analogien zum Seitensichtradar werde im Beispiel die Flugbahn als Gerade angenommen. In diesem Fall können hinsichtlich des Auflösungsvermögens die Überlegungen und Ergebnisses für das Seitensichtradar direkt verwendet werden, wenn man als synthetische Apertur die vom abzubildenden Objekt zurückgelegte Strecke einsetzt.

Ein großes Problem bei der praktischen Realisierung des inversen SAR-Systems stellt aufgrund der für den Beobachter zunächst unbekannten Flugbahn die Bestimmung der Entfernung $r_0$ des Schwerpunkts des abzubildenden Objekts dar. Sie muß, ähnlich wie beim SAR, um die Phaseninformation auswertbar zu machen, auf etwa eine Viertel Wellenlänge genau ermittelt werden.

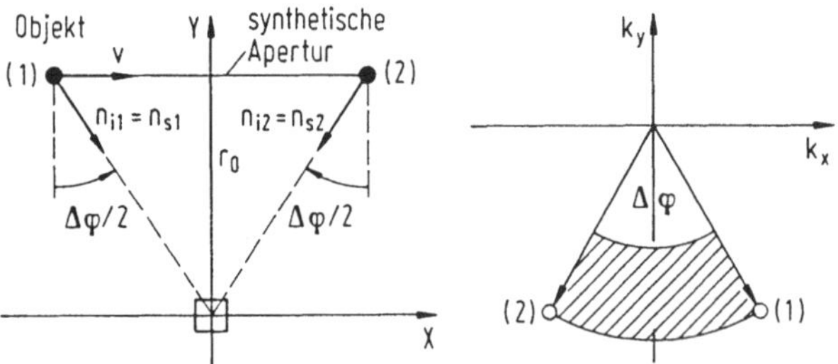


Bild 10.6. Darstellung des inversen Synthetic-Apertur-Radars in Orts- und Fourierbereich.

## 10.4.4 Mikrowellentomographie

Aus dem Bereich der Abbildung mit Röntgenstrahlen entwickelten sich in jüngster Zeit die Verfahren der Computer-Tomographie [10.14-10.15]. Bei dieser Methode wird nach Bild 10.7 der abzubildende Streukörper auf einem Drehtisch angeordnet und das Streufeld aufgezeichnet, das man als Funktion des Drehwinkels $\theta$ messen kann. Im Mikrowellenfall ist dabei die Aufzeichnung des vom Streukörper reflektierten Signals üblicher (Reflexionstomographie) als die des durch den Streukörper übertragenen Signals, die man für die Röntgentomographie einsetzen muß.

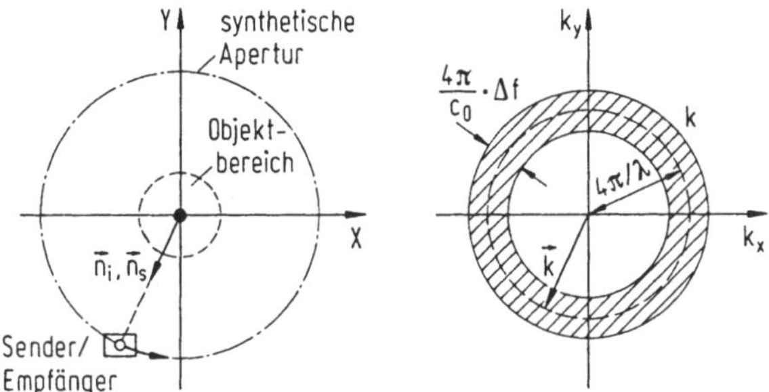


Bild 10.7. Mikrowellenreflexionstomographie in Ort- und Fourierbereich.

Zum besseren Verständnis des Verfahrens kann man es sich nach Bild 10.8 als eine monostatische Anordnung vorstellen, bei der der abzubildende Streukörper mit einem Dauerstrichsignal fester Frequenz beleuchtet wird. Das Streufeld wird für eine ganze Umdrehung des Objekts nach Betrag und Phase aufgezeichnet. Während der Drehung mit zunächst konstanter Winkelgeschwindigkeit $\omega$ werden die Streuzentren sich gegenüber dem Abbildungssystem bewegen. Ihre Beiträge zum Rückstreufeld werden durch den Dopplereffekt abhängig von der individuellen Relativgeschwindigkeit in der Frequenz verschoben. Alle Streuzentren mit gleicher seitlicher Ablage $\zeta_0$ besitzen die gleiche Relativgeschwindigkeit

$$v_r = \zeta_0 \cdot \omega = \zeta_0 \cdot v/r \tag{10.15}$$

und damit die Dopplerfrequenz.

$$f_d = 2f \cdot \zeta_0 \cdot \omega/c_0 \tag{10.16}$$

Eine Linie des momentanen Dopplerspektrums bei $f_d$ umfaßt daher alle Streuzentren, die eine seitliche Ablage $\zeta_0$ aufweisen. Das Dopplerspektrum kann daher als Projektion aller Streuzentren auf die x-Achse betrachtet werden. Die spektrale Intensität ist dabei ein Maß für die Summe bzw. das Linienintegral der Streustrahlung aus einer bestimmten seitlichen Ablage, d.h. aus einer parallel zur Drehachse aus dem Bildfeld herausgeschnittenen Scheibe. Diese Darstellung der momentanen Amplitude als Funktion der Dopplerfrequenz kann als tomographische Projektion interpretiert werden. Im Lauf der Zeit dreht sich das Objekt weiter und erzeugt weitere Projektionen, die für eine 360°-Drehung aufgezeichnet werden. Ein tomographischer Rekonstruktionsalgorithmus kann nun verwendet werden, um die (zweidimensionale) Verteilung der Streuzentren bzw. Streufeldquellen $I_0(x,y)$ des Objekts zu erhalten.

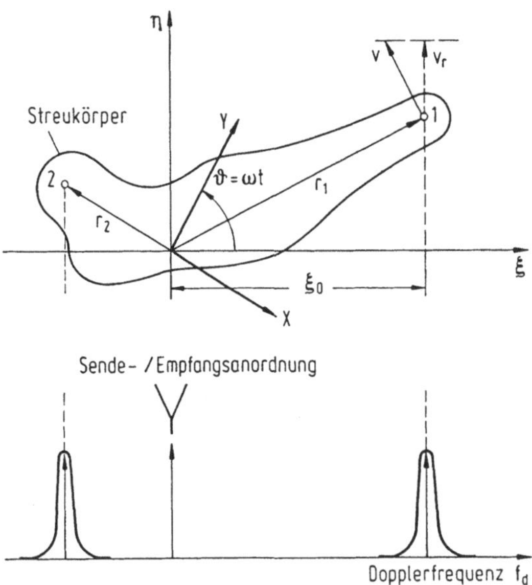


Bild 10.8. Zur tomographischen Rekonstruktion.

Ein Objekt, das unter dem Drehwinkel $\theta$ beleuchtet wird, liefert bei phasenrichtiger Summation das Empfangssignal

$$S_e(\theta) = \int_{\text{Bildfeld}} I_0(x,y) \exp(-j2k\{y\cos\theta - x\sin\theta\})\, dV \qquad (10.17)$$

Mit Hilfe der Komponenten des Fouriervektors

$$k_x = 4\pi/\lambda \cdot \sin\theta$$
$$k_y = -4\pi/\lambda \cdot \cos\theta$$

kann 10.17 als zweidimensionale Fouriertransformation geschrieben werden

$$S_e(k_x,k_y) = \int_{\text{Bildfeld}} I_0(x,y)\cdot\exp[j(k_x x+k_y y)]dxdy \tag{10.18}$$

Die Inversion dieser Gleichung liefert in bekannter Weise die Rekonstruktionsbeziehung

$$I_0(x,y) = \int_{\substack{\text{alle Meßfrequenzen,}\\ \text{alle Aspektwinkel } \theta}} S_e(k_x,k_y)\ \exp[-j(k_x x+k_y y)]dk_x dk_y \tag{10.19}$$

Die Messung bei einer Frequenz für alle Aspektwinkel $\theta$ liefert bei Betrachtung im Fourierraum gemäß Bild 10.7 nur Daten auf dem Kreis

$$k_x^2 + k_y^2 = (4\pi/\lambda)^2. \tag{10.20}$$

Das Rekonstruktionsergebnis für eine Punktquelle [10.16, 10.17] ergibt die Besselfunktion der Ordnung Null $J_0$, die relativ hohe Nebenmaxima aufweist:

$$I_{0rek} = C\ J_0(4\pi r/\lambda) \tag{10.21}$$

Das Auflösungsvermögen in der x-y-Ebene liegt bei $\lambda/5$, ist also bei dieser monofrequenten Anordnung bereits sehr hoch. Durch zusätzliche Anwendung eines breitbandigen Sendesignals werden aber die Nebenmaxima des Beugungsbildes, die als Geisterbilder interpretiert werden oder andere schwächere Streufeldquellen überdecken können, abgesenkt.

## 10.5 Probleme der Mikrowellenabbildung

Die Mikrowellenabbildung ist ein relativ neues Forschungsgebiet, das sich langsam aus der Radartechnik heraus entwickelt. Nach dem heutigen Forschungsstand sind wesentliche Probleme dieser Disziplin noch nicht befriedigend gelöst. Zunächst sind fast alle Abbildungsverfahren dadurch gekennzeichnet, daß im Gegensatz zu den Forderungen der Abbildungstheorie meist zu wenig Streufeldinformation beschränkt auf enge Aspektwinkelbereiche und relativ schmale Frequenzbänder zur Verfügung steht. Hier wird versucht, durch Einbeziehung von a-priori Information in die Rekonstruktionsalgorithmen und durch Verwendung von superauflösenden parametrischen Schätzverfahren [10.18] die Situation etwas zu verbessern.

Weiterhin gehört dazu in erster Linie das Problem der Bestimmung der Bewegungsbahn des Streukörpers mit ausreichender Genauigkeit, ohne die z.B. im Fall des inversen SAR eine Rekonstruktion nicht durchführbar ist. Dazu gibt es Lösungsansätze [10.19], die den Reflexionsschwerpunkt des Objektes verwenden.

Der Stand der Forschung ist dadurch gekennzeichnet, daß in vielen Fällen Rekonstruktionsalgorithmen verwendet werden, die aufgrund von wesentlich vereinfachenden Näherungen gefunden oder von inversen Problemen, denen andere physikalische Gesetze zugrundeliegen, mangels besserer Lösungsmöglichkeiten übernommen worden sind und von denen daher keine befriedigende Problemlösung erwartet werden kann.

Die Bevorzugung der Fouriertransformation als Rekonstruktionsgleichung hat ihre Ursache in den schnellen zur Verfügung stehenden Rechenalgorithmen, mit denen die notwendigen Transformationen durchgeführt werden können. Für die Anwendung der FFT ist aber erforderlich, daß die in die Rekonstruktion einzubringenden Streufelmeßergebnisse auf einem kartesischen Raster im Fourierraum vorliegen. Dies ist in der Praxis regelmäßig nicht der Fall. Man ist daher gezwungen, rechenzeitverbrauchende Interpolationsalgorithmen zu verwenden, um Meßwerte mit der geeigneten Rasterung zu erhalten. Es sind daher neue Rekonstruktionsalgorithmen zu suchen, die vergleichbar schnell sind, aber mit Meßergebnissen auf nicht kartesischem Raster arbeiten können.

Ein noch nicht geklärter Punkt ist auch der, wie die Polarisationsinformation in zweckmäßiger Weise in die Abbildungsergebnisse eingeführt werden kann, und ob dies zu verbesserten Mikrowellenbildern führt, die den mit der Polarisationserfassung verbundenen höheren Aufwand rechtfertigen.

Zusammenfassend kann daher festgestellt werden, daß in diesem Bereich, obwohl ein dringendes Interesse für Problemlösungen besteht, noch einige Fortschritte erzielt werden müssen, bis die Mikrowellenabbildung in die Radartechnik voll integriert werden kann. Die intensive internationale Forschungstätigkeit auf diesem Gebiete läßt dies jedoch in naher Zukunft erwarten.

## Literatur zu Kapitel 10


[10.1] Börner, W.-M.; Jordan, A.; Kay, I.: Introduction to the Special issue on Inverse Methods in Electromagnetics, IEEE Trans on AP, Vol. AP-29, No. 2, March 1981, S. 185 - 189.

[10.2] Kennaugh, E.; Moffatt, D.: Transient and Impulse Response Approximations, Proc. IEEE 53, 1965, No.8, S. 839 - 901.

[10.3] Lewis, R.: Physical Optics Inverse Diffraction, IEEE Trans on AP, Vol. AP-17, No. 3, Mai 1969, S. 308 - 315.

[10.4] Detlefsen, J.: Abbildung mit Mikrowellen, Fortschrittberichte der VDI-Zeitschriften, Reihe 10, No. 5, Mai 1979.

[10.5] Bennett, C.L.: Time Domain Inverse Scattering, IEEE Trans Ap-29, 1981, No. 2, S. 213 - 219.

[10.6] Bojarski, N.: A Survey of the Physical Optics Inverse Scattering Identity, IEEE Trans AP-30, No. 5, Sept. 1982, S. 980-989.

[10.7] Sabatier, P.: Theoretical considerations for inverse scattering, Radio Science, Vol. 18, No. 1, Jan.-Feb. 1983, S. 1 - 18.

[10.8] Detlefsen, J.: Abbildung mit Mikrowellen, Fortschrittberichte der VDI-Zeitschriften, Reihe 10, No. 5, Mai 1979, S. 15ff.

[10.9] Bockmair, M.: Mikrowellenabbildung im Nahbereich, Diss., Technische Universität München, 1989.

[10.10] Lewis, R.: Physical Optics Inverse Diffraction, IEEE Trans on AP, Vol. AP-17, No. 3, Mai 1969, S. 308 - 315.

[10.11] Detlefsen, J.: Abbildung mit Mikrowellen, Fortschrittberichte der VDI-Zeitschriften, Reihe 10, No. 5, Mai 1979, S.120ff.

[10.12] Marko, H.: Methoden der Systemtheorie. Berlin: Springer Verlag, 1982, S. 110ff.

[10.13] Marko, H.: Methoden der Systemtheorie. Berlin: Springer Verlag, 1982, S. 129ff.

[10.14] Kak, A.: Computerized Tomography with X-Ray, Emission, and Ultrasound Sources. Proc. IEEE (67) 1979, S. 1245-1250.

[10.15] Swindell, W.: Computerized tomography: taking sectional x rays. Physics Today, Dez. 1977, S. 32-41.

[10.16] Mensa, D.; et. al.: Coherent Doppler Tomography for Microwave Imaging, Proc. IEEE, Vol. 71, No. 2, Feb. 1983, S. 254 - 261.

[10.17] Mensa, D.: High Resolution Radar Imaging. Washington: Artech House, 1981, S. 108.

[10.18] Kay, St., et al.: Spectrum Analysis - A Modern Perspective. Proc. IEEE (69) 1981, S. 1380-1419.

[10.19] Corsini, G., et al.: Some Issues on Radar Imaging. 16th Europ. Microwave Conf., Dublin 1986, S. 334-339.

# Sachverzeichnis

# Nachrichtentechnik

**Herausgeber: H. Marko**

*Eine aktuelle Buchreihe für Studierende und Ingenieure*

Band 1: **H. Marko**

## Methoden der Systemtheorie

**Die Spektraltransformationen und ihre Anwendungen**

2. überarbeitete Auflage. 1982. Korrigierter Nachdruck. 1986. 87 Abbildungen. XVII, 224 Seiten. DM 52,–. ISBN 3-540-11457-2

Band 2: **P. Hartl**

## Fernwirktechnik der Raumfahrt

**Telemetrie, Telekommando, Bahnvermessung**

2., völlig neubearbeitete und erweiterte Auflage. 1988. 113 Abbildungen, XV, 221 Seiten. DM 68,–. ISBN 3-540-18851-7

Band 4: **H. Kremer**

## Numerische Berechnung linearer Netzwerke und Systeme

1978. 29 Abbildungen. X, 179 Seiten. DM 68,–. ISBN 3-540-08402-9

Band 5: **G. Färber**

## Prozeßrechentechnik

**Allgemeines, Hardware und Software, Planungshinweise**

1979. 98 Abbildungen, 5 Tabellen. X, 208 Seiten. DM 68,–. ISBN 3-540-09263-3

Band 6: **E. Herter, H. Rupp**

## Nachrichtenübertragung über Satelliten

**Grundlagen und Systeme, Erdefunkstellen und Satelliten**

2., völlig neubearbeitete und erweiterte Auflage. 1983. 98 Abbildungen, 5 Tabellen. XIII, 216 Seiten. DM 84,–. ISBN 3-540-12074-2

Band 7: **R. Lücker**

## Grundlagen digitaler Filter

**Einführung in die Theorie linearer zeitdiskreter Systeme und Netzwerke**

2. überarbeitete und erweiterte Auflage. 1985. 99 Abbildungen. XIII, 263 Seiten. DM 74,–. ISBN 3-540-15064-1

Band 8: **R. Elsner**

## Nichtlineare Schaltungen

**Grundlagen, Berechnungsmethoden, Anwendungen**

1981. 113 Abbildungen. IX, 136 Seiten. DM 58,–. ISBN 3-540-10477-1

Band 9: **E. Schuon, H. Wolf**

## Nachrichten-Meßtechnik

**Prinzipien, Verfahren, Geräte**

1. Auflage. 1981. Korrigierter Nachdruck. 1987. 155 Abbildungen. XI, 271 Seiten. DM 74,–. ISBN 3-540-10637-5

Band 10: **E. Hänsler**

## Grundlagen der Theorie statistischer Signale

1983. 69 Abbildungen. IX, 225 Seiten. DM 58,–. ISBN 3-540-12081-5

Springer-Verlag
Berlin Heidelberg New York London
Paris Tokyo Hong Kong

# Nachrichtentechnik

**Herausgeber: H. Marko**

*Eine aktuelle Buchreihe für Studierende und Ingenieure*

Band 11: **H. Schönfelder**

## Bildkommunikation

**Grundlagen und Technik der analogen und digitalen Übertragung von Fest- und Bewegtbildern**

1983. 124 Abbildungen. XIII, 298 Seiten. DM 78,–.
ISBN 3-540-12214-1

Band 12: **K. Fellbaum**

## Sprachverarbeitung und Sprachübertragung

1984. 145 Abbildungen. IX, 272 Seiten. DM 58,–.
ISBN 3-540-13306-2

Band 13: **F. Wahl**

## Digitale Bildsignalverarbeitung

**Grundlagen, Verfahren, Beispiele**

1984. 85 Abbildungen. X, 191 Seiten. DM 78,–.
ISBN 3-540-13586-3

Band 14: **G. Söder, K. Tröndle**

## Digitale Übertragungssysteme

**Theorie, Optimierung und Dimensionierung der Basisbandsysteme**

1985. 113 Abbildungen. XII, 282 Seiten. DM 84,–.
ISBN 3-540-13812-9

Band 15: **J. Hofer-Alfeis**

## Übungsbeispiele zur Systemtheorie

**41 Aufgaben mit ausführlich kommentierten Lösungen**

1985. 352 Abbildungen. XI, 212 Seiten. DM 42,–.
ISBN 3-540-15083-8

Band 16: **S. Geckeler**

## Lichtwellenleiter für die optische Nachrichtenübertragung

**Grundlagen und Eigenschaften eines neuen Übertragungsmediums**

2. überarbeitete Auflage. 1987. 154 Abbildungen. VIII, 327 Seiten. DM 78,–. ISBN 3-540-16971-7

Band 17: **J. Franz**

## Optische Übertragungssysteme mit Überlagerungsempfang

**Berechnung, Optimierung, Vergleich**

1988. 80 Abbildungen. XVII, 258 Seiten. DM 78,–.
ISBN 3-540-50189-4

Band 19: **C.-E. Liedtke, M. Ender**

## Wissensbasierte Bildverarbeitung

1989. 83 Abbildungen. Etwa 230 Seiten. DM 78,–.
ISBN 3-540-50641-1

Band 20: **R. Bamler**

## Mehrdimensionale lineare Systeme

**Fourier-Transformation und $\delta$-Funktionen**

1989. 128 Abbildungen. XI, 242 Seiten.
Broschiert DM 78,–. ISBN 3-540-51069-9

Springer-Verlag
Berlin Heidelberg New York London
Paris Tokyo Hong Kong